Uwe Jensen

Wozu Mathe in den Wirtschaftswissenschaften?

**Studienbücher** Wirtschaftsmathematik

Herausgegeben von
Prof. Dr. Bernd Luderer, Chemnitz

Die Studienbücher Wirtschaftsmathematik behandeln anschaulich, systematisch und fachlich fundiert Themen aus der Wirtschafts-, Finanz- und Versicherungsmathematik entsprechend dem aktuellen Stand der Wissenschaft.
Die Bände der Reihe wenden sich sowohl an Studierende der Wirtschaftsmathematik, der Wirtschaftswissenschaften, der Wirtschaftsinformatik und des Wirtschaftsingenieurwesens an Universitäten, Fachhochschulen und Berufsakademien als auch an Lehrende und Praktiker in den Bereichen Wirtschaft, Finanz- und Versicherungswesen.

www.viewegteubner.de

Uwe Jensen

# Wozu Mathe in den Wirtschaftswissenschaften?

Eine Einführung für Studienanfänger

STUDIUM

VIEWEG+
TEUBNER

Bibliografische Information der Deutschen Nationalbibliothek
Die Deutsche Nationalbibliothek verzeichnet diese Publikation in der
Deutschen Nationalbibliografie; detaillierte bibliografische Daten sind im Internet über
<http://dnb.d-nb.de> abrufbar.


Privatdozent Dr. Uwe Jensen
Christian-Albrechts-Universität Kiel
Institut fur Statistik und Ökonometrie
Olshausenstraße 40-60
24118 Kiel

Jensen@stat-econ.uni-kiel.de


1. Auflage 2011

Alle Rechte vorbehalten
© Vieweg+Teubner Verlag | Springer Fachmedien Wiesbaden GmbH 2011

Lektorat: Ulrike Schmickler-Hirzebruch

Vieweg+Teubner Verlag ist eine Marke von Springer Fachmedien.
Springer Fachmedien ist Teil der Fachverlagsgruppe Springer Science+Business Media.
www.viewegteubner.de

Das Werk einschließlich aller seiner Teile ist urheberrechtlich geschützt. Jede Verwertung außerhalb der engen Grenzen des Urheberrechtsgesetzes ist ohne Zustimmung des Verlags unzulässig und strafbar. Das gilt insbesondere für Vervielfältigungen, Übersetzungen, Mikroverfilmungen und die Einspeicherung und Verarbeitung in elektronischen Systemen.

Die Wiedergabe von Gebrauchsnamen, Handelsnamen, Warenbezeichnungen usw. in diesem Werk berechtigt auch ohne besondere Kennzeichnung nicht zu der Annahme, dass solche Namen im Sinne der Warenzeichen- und Markenschutz-Gesetzgebung als frei zu betrachten wären und daher von jedermann benutzt werden dürften.

Umschlaggestaltung: KünkelLopka Medienentwicklung, Heidelberg
Druck und buchbinderische Verarbeitung: MercedesDruck, Berlin
Gedruckt auf säurefreiem und chlorfrei gebleichtem Papier.
Printed in Germany

ISBN 978-3-8348-1237-7

# Vorwort

Dieses Buch richtet sich direkt an Schülerinnen und Schüler der Sekundarstufe II, die sich für ein Studium der VWL oder BWL interessieren, und an Studienanfängerinnen und Studienanfänger der VWL oder BWL. In diesen beiden Gruppen werden sich erfahrungsgemäß einige – vielleicht voller Angst – fragen, ob man in diesem Studium wirklich so viel Mathe braucht und warum. Für all jene ist dieses Buch gedacht. Aber auch Mathe-Lehrerinnen und -Lehrer in der Sekundarstufe II, die sich ständig mit der Frage herumplagen, wie sie ihre SchülerInnen für dieses schöne Fach motivieren können, sollten davon profitieren, auch wenn sie nicht direkt angesprochen werden. Die letzte Zielgruppe sind all die Personen, die in der Lehrerausbildung tätig sind oder diese gestalten. An Vorkenntnissen brauchen Sie nur die Mathematik, die bis zum Ende des elften Schuljahres durchgenommen wurde.

Ich habe dieses Buch geschrieben, weil ich seit fast 20 Jahren Mathematik für Wirtschaftswissenschaftler im Grund- bzw. Bachelorstudium an der Uni Kiel unterrichte und da jedes Jahr sehe, dass es vielen StudienanfängerInnen an elementaren mathematischen Kenntnissen aus der Mittelstufe fehlt (was ich unter anderem auf fehlende Motivation zurückführe) und dass sehr viele von ihnen völlig überrascht sind, dass und wie man Mathematik wirklich gebrauchen kann (was die fehlende Motivation wenigstens teilweise erklärt).

Ziel dieses Buches ist daher, an einfachen Beispielen zu zeigen, wozu mathematisches Verständnis (neben reinen Rechenfertigkeiten) in Fächern wie VWL und BWL gebraucht wird, um diese zu verstehen. Damit es nicht langweilig wird, treten hier und da ein paar Formeln und Grafiken auf. Und damit niemand während der Lektüre einschläft, ist das Buch schön kurz. Am Ende wird den Leserinnen und Lesern klar geworden sein, dass Mathematik das Studium der Wirtschaftswissenschaften und die spätere praktische Arbeit mit diesem Fach wirklich deutlich erleichtert.

Für die gründliche Durchsicht der ersten Fassung dieses Buches und einige hilfreiche Kommentare dazu danke ich Prof. Dr. Johannes Bröcker, Familie Schuppius und Frau Sara Rüggeberg. Ich danke der Klasse 12 g der Käthe-Kollwitz-Schule in Kiel und ihrem Lehrer, Herrn Frank Schuppius, für die Gelegenheit, meine Ideen im Schuljahr 2009/10 dort auszuprobieren. Herrn Henning Steuer danke ich für eine sehr hilfreiche Einschätzung.

Beim Verlag Vieweg+Teubner, insbesondere bei Herrn Prof. Dr. Bernd Luderer, Frau Ulrike Schmickler-Hirzebruch und Frau Kathrin Labude, bedanke ich mich für die sehr konstruktive und produktive Zusammenarbeit und die äußerst gründliche Durchsicht der weiteren Fassungen dieses Buches. Ihre zahlreichen Vorschläge haben die Lesbarkeit und Verständlichkeit dieses Buches zweifellos deutlich verbessert. Herrn Arne Grenzebach verdanke ich die Lösungen einiger kniffliger LaTeX-Probleme.

Ich habe mich nach Kräften bemüht, alle Ratschläge umzusetzen. Natürlich gehören alle verbliebenen Fehler mir ganz alleine. Für alle Hinweise auf Fehler oder mögliche Erweiterungen bin ich selbstverständlich dankbar.

# Inhaltsverzeichnis

1 Warum dieses Buch? — 1

2 Modelle und Funktionen — 8

3 Warum einfache Funktionen? — 18

4 Wie Funktionen das Verständnis erleichtern — 27

5 Der Nutzen einer Formel — 34

6 Wie man Modelle vereinfacht — 47

7 Änderungen von Funktionswerten — 64

8 Mehr als nur kleine Fische — 82

9 Mathe hilft beim Aufräumen — 92

10 Wie verschieden sind Hamburg und Bremen? — 106

11 Wo fehlt's Ihnen denn? — 122

12 Das war alles? — 138

# Kapitel 1

# Warum dieses Buch?

Wenn man die im Internet veröffentlichten Lehrpläne für Gymnasien im Fach Mathematik studiert, so ist man wirklich beeindruckt, was die Schülerinnen und Schüler heutzutage in dem Fach alles lernen. Da werden – selbst im Grundkurs – fortgeschrittene Themen zu Exponential- und Logarithmusfunktionen, zur Differential- und Integralrechnung, zur Geometrie sowie zur Wahrscheinlichkeitsrechnung und Statistik angeboten. Auch spannende Anwendungen, sogar aus der Ökonomie, fehlen nicht.

Wenn man aber – wie der Autor dieses Buches seit 19 Jahren – an einer deutschen Uni in Mathematik für Wirtschaftswissenschaftler unterrichtet, dann kann man nicht glauben, dass die Studierenden als SchülerInnen nach diesen Lehrplänen unterrichtet worden sind. Natürlich gibt es etwa 10 % der Zuhörer, die den Stoff mit den Worten „Das hatten wir doch schon in der Schule" gähnend durchwinken. Bei den restlichen 90 % sind aber nicht nur viele dieser in der Schule schon behandelten fortgeschrittenen Kenntnisse nicht vorhanden, sondern es ist meist sogar dringend erforderlich (schön zu sehen an den großen Fragezeichen in den Gesichtern), bei elementaren Verfahren aus der gymnasialen Mittelstufe zu beginnen. Konkret: Es fehlt massiv an elementaren Kenntnissen aus den Bereichen Klammerrechnung, Bruchrechnung, Potenzrechnung, Wurzelrechnung, binomische Formeln und einfache lineare und quadratische Gleichungen.

Dass dieses Phänomen nicht auf meine Uni beschränkt ist, hat ein Kollege von der FU Berlin (Büning, 2004) eindrucksvoll gezeigt, der über 20 Jahre an seiner und an diversen anderen Unis (unter anderem auch an meiner) regelmäßig einfache Eingangstests bei Studienanfängerinnen und Studienanfängern der Wirtschaftswissenschaften – natürlich ohne Konsequenzen für die Studierenden – durchgeführt hat. Dabei waren 26 wirklich einfache elementarmathematische Aufgaben, die garantiert bis zur zehnten Klasse an allen deutschen Gymnasien behandelt worden sind, zu lösen. Wenn zum Bestehen dieses Eingangstests 50 % der Aufgaben richtig zu lösen gewesen wären, dann wären 72,5 % der Teilnehmer im Jahre 2004 durchgefallen. Die Ergebnisse waren an anderen Unis nicht besser und waren auch nicht signifikant vom Bundesland, in dem die Hochschulreife erworben wurde, abhängig. Natürlich war das Abschneiden von Absolventen eines Leistungskurses in Mathematik deutlich besser (Durchfallquote von 39,5 %) als das derjenigen, die nur einen Grundkurs in Mathematik besucht hatten (82,5 %), aber ein Grund zum Jubel ist auch die erste Quote nicht. Und über die Jahre hinweg wurden die Ergebnisse immer schlechter.

Es soll nun nicht zum n-ten Male das große Klagelied angestimmt werden, dass die SchülerInnen, die LehrerInnen, die El-

## Warum dieses Buch?

tern, die Kultusminister oder wer sonst noch schuld sind, sondern es soll die Frage beantwortet werden, woran dieser fatale Wissensstand liegen könnte und wie vielleicht Besserung zu erreichen ist.

Woran fehlt es bei den StudienanfängerInnen aus mathematischer Sicht? Wie gesagt, es fehlt vor allem an der sicheren Beherrschung elementarer Grundfertigkeiten. Weiterhin fehlt es an grundlegendem Verständnis mathematischer Zusammenhänge, also an einem Gefühl dafür, warum Formeln so sind wie sie sind, wie man Ergebnisse interpretiert und – ganz schwer für viele – wie man Alltagsprobleme mathematisch darstellt. Bei den beiden ersten Problemen hilft nur regelmäßiges Üben. Man übt aber natürlich nicht gerne Dinge, von deren Wichtigkeit man nicht überzeugt ist und die – in den Augen vieler – so uncool sind wie Mathe.

Erzählen Sie einmal jemandem, dass Sie Mathematik nicht nur studiert haben, sondern auch noch seit vielen Jahren unterrichten. Dann ernten Sie Blicke, als ob Ihre Nase verkehrt herum im Gesicht sitzt, und hören Sprüche wie „Ach, da war ich immer schlecht!". Sehr informativ ist auch ein Blick in die zahlreichen StudiVZ-Gruppen, deren Namen wenig Begeisterung für Mathe bei den Teilnehmern vermuten lassen. Sie können auch einmal „Mathepanik" bei Google eingeben und schon haben Sie 33 700 Treffer. Es gilt bei vielen als chic, in Mathe schlecht zu sein.

Doch wie kann man dafür sorgen, dass Mathematik wieder reizvoller wird? Diese Frage haben sich schon viele gestellt. Buchhandlungen sind voll von Büchern mit Titeln wie „Warum Elefanten dicke Beine haben: Mathematik zum Schmunzeln und Staunen" (Albrecht), „In Mathe war ich immer schlecht ... " (Beutelspacher),

„Pasta all'infinito: Meine italienische Reise in die Mathematik" (Beutelspacher), „Besser als Mathe: Moderne angewandte Mathematik aus dem MATHEON zum Mitmachen" (Biermann et al.) oder „Die wunderbare Welt der Mathematik" (Stewart). Diese Bücher zeigen auf anschauliche Weise, dass Mathematik nicht immer so trocken sein muss, wie man es oft in der Schule erlebt. Auch wenn sie nicht zwangsläufig dazu beitragen, dass alle Studierenden plötzlich absolute Leuchten in Mathe werden, so schaffen sie doch einen Anreiz, sich ernsthafter mit dem Thema zu befassen.

Ich will aber gar nicht die ganze Welt retten. Ich will nicht einmal alle Menschen zu Mathe-Fans umwandeln. Um die fehlenden Mathematikkenntnisse der Nicht-Studierenden sollen sich andere kümmern. Natürlich gibt es auch Studiengänge wie Theologie, Sprachwissenschaften oder Geschichte, wo man mit ziemlich wenig Mathematik gut durch das Studium kommt. Ebenso muss man Studierende der Mathematik, Physik oder Informatik vom Wert der Mathematik nicht überzeugen. Dazwischen gibt es aber einige Studiengänge wie Wirtschafts- und Sozialwissenschaften, in denen Studienanfängerinnen und Studienanfänger wenig Ahnung haben, warum man da soviel Mathe braucht. Bei manchen dominiert eine romantische Vorstellung von verbalen Diskussionsrunden. Bei anderen regiert die nackte Angst vor – Mathe.

Auch dazu hilft ein Blick ins Internet. Dort finden sich in Diskussionsforen viele besorgte Anfragen von Schülerinnen und Schülern, die sich ungemein für BWL oder VWL interessieren, die aber ein Problem haben: Mathe. Die Ärmsten hassen Mathe wie die Pest, wissen aber, dass in VWL/BWL jede Menge Mathe vorkommen soll, und haben vor allem zwei Fragen: Schafft man das und braucht man das wirklich? Die Antworten von Studierenden sind ebenso instruktiv: Viele geben offen zu, dass sie auf dem Gymnasium nichts gelernt haben, weil Mathe sie überhaupt nicht interessiert hat. Wenn sie aber im Studium sehen, dass man Mathe wirklich braucht, strengen sie sich ziemlich an und bekommen ihre Mathe-Probleme in den Griff. Der Unterschied ist oft einfach, dass die Formeln dann einen wirtschaftlichen Hintergrund haben. Damit haben wir das dritte erreicht, was StudienanfängerInnen meist fehlt, wenn sie zur Uni kommen: Sie haben überhaupt keine Ahnung von der Anwendung der Mathematik in einem wirtschafts- und sozialwissenschaftlichen Studiengang. Daher ergibt sich für sie auch keine Motivation, an den oben erwähnten ersten beiden Mangelerscheinungen (elementare Grundfertigkeiten und grundlegendes Verständnis) etwas zu ändern.

Es gibt doch in Schulbüchern so viele Beispiele aus zahlreichen Anwendungsbereichen. Ja, aber diese Beispiele in Schulbüchern zeichnen sich häufig durch (ziemlich demotivierenden) praxisfernen Mathematik-Turnhallenmief aus. Und wenn sie praxisrelevant sind, stammen sie aus anderen Disziplinen wie der Physik. Und wenn sie wirklich praxisrelevant und ökonomisch sind, dann sind das Anwendungen zur Kapitalverzinsung oder ähnliches, wo einsatzminimierende schlaue SchülerInnen denken: „Dafür gibt es an der Uni und in der Bank doch bestimmt gute Software und gute Rechner."

Man braucht Mathematik in der Ökonomie aber nicht nur, um diverse Größen zu berechnen. Man braucht sie schlicht und einfach zum Verstehen der ökonomischen Theorie (und damit auch der Praxis) und auch zur Vereinfachung komplizierter Sachverhalte. Der Nobelpreisträger R. E. Lucas[1] schrieb: „Ich kam zu der Überzeugung, dass mathematische Analysis nicht eine von vielen Möglichkeiten ist, ökonomische Theorie zu betreiben: Es ist die einzige Möglichkeit. Ökonomische Theorie ist mathematische Analysis. Alles andere sind dagegen nur Bilder und Gerede." Dazu findet sich aber nichts in Schulbüchern.

Was kann man tun? Zunächst kann man ein Buch wie dieses schreiben, das sie erfreulicherweise gerade lesen. Gymnasiale Mathematik-Lehrerinnen und -Lehrer sollten nicht wie Diplom-Mathematiker nur zu Experten in Definition-Satz-Beweis-Akrobatik ausgebildet werden (natürlich sollten sie aber das Fach Mathematik beherrschen), sondern sie sollten neben didaktischen Kenntnissen auch viel tiefere Einblicke in zahlreiche Anwendungsbereiche erlangen. Die Schülerinnen und Schüler sollten von diesen tiefen Einblicken reichlich profitieren, damit sie dann wissen, wozu man Mathematik (trotz der Existenz guter Software und schneller PCs) später braucht und warum es sich lohnt, die dringend benötigten elementaren Grundfertigkeiten und grundlegendes Verständnis regelmäßig zu trainieren. Den LehrerInnen wiederum muss man Mittel in die Hand geben, dieses Üben einzufordern. Ihnen würde auch bei ihrer Arbeit sicher geholfen, wenn sie weniger Zeit mit der Umsetzung zu vieler Schulreformen vergeuden müssten, etwa indem man sich auf Reformen zur besse-

---

[1] Lucas (2001, S. 9)

ren Förderung mit dem Ziel der Leistungssteigerung konzentriert. Schließlich wäre (ist) es auch hilfreich, wenn Wissenschaftler in Schulen von ihrer Arbeit berichten und populärwissenschaftliche Vorträge halten. Mathematisch Veranlagte tun sich schwer damit zu akzeptieren, dass SchülerInnen und Studierende erst motiviert werden müssen, um sich mit Mathematik zu beschäftigen. In diesem Buch soll aber keine Begeisterung für Mathematik an sich erzeugt werden. Das versuchen schon die oben erwähnten Bücher wie „Wunderbare Welt der Mathematik." Hier sollen wirklich nur die einsatzminimierenden Schülerinnen und Schüler rechtzeitig informiert und dann bei der Stange gehalten werden, dass es sich lohnt, Mathematik nicht zu ignorieren, sondern zu trainieren. Antoine de Saint-Exupéry[2] hat einmal gesagt: „Wenn Du ein Schiff bauen willst, so beginne nicht damit, Holz zu beschaffen, Bretter zuzuschneiden und die Arbeit einzuteilen, sondern erwecke im Herzen der Männer die Sehnsucht nach dem weiten endlosen Meer." Ja, dann fangen wir doch an.

---

[2]Saint-Exupéry (1969)

# Kapitel 2

# Modelle und Funktionen

In Büchern zur Mathematik für Wirtschaftswissenschaftler steht meist am Anfang, dass Funktionen für Wirtschaftswissenschaftler sehr wichtig sind. Danach gibt es vielleicht einige kurze Beispiele. In vielen ökonomischen Lehrbüchern tauchen dann auch zahlreiche Funktionen auf: Kostenfunktionen, Nachfragefunktionen, Nutzenfunktionen und viele weitere. Warum aber nun alles Wissen über die Welt in einer Funktion mit zwei Variablen steckt, das wird nicht immer klar. Also fangen wir damit an.

Wirtschaftswissenschaftler untersuchen und beantworten so genau wie möglich viele Fragen zu allen Teilen unserer Volkswirtschaft, die unser tägliches Leben betreffen. Es geht um Fragen über einzelne Personen, Haushalte, Firmen, aber auch ganze Industrien oder gesamte Volkswirtschaften. Das sind zum Beispiel Fragen zur Gesundheitsökonomie („Arbeiten private Krankenhäuser besser und/oder effizienter als staatliche?"), zu Finanzmärkten („Sollte ich jetzt Deutsche-Bank-Aktien kaufen?"), zur Umweltökonomie („Wie kann man Firmen dazu bringen, umweltfreundlicher zu produzieren?"), zur Finanzwissenschaft („Welches Steu-

## Modelle und Funktionen

ersystem ist am gerechtesten?"), zur Arbeitsökonomie („Warum verdienen Frauen weniger als Männer?" oder „Schaden oder nutzen Mindestlöhne?"), zur Migrationsforschung („Bringen Einwanderer uns Wohlstand oder nehmen sie nur unsere Arbeitsplätze weg?"), zur Personalwirtschaft („Wie setzen Firmen sinnvolle Anreize, damit ihre Mitarbeiter gerne und gut arbeiten?") oder zum Marketing („Wie erzielt eine Firma mit ihrem Produkt einen möglichst hohen Gewinn?").

Nehmen wir die letzte Frage als weiteres Beispiel. Wir nehmen an, dass es einen Süßwarenkonzern gibt, der eine Schokoladensorte herstellt, bei der der Gewinn des Konzerns in letzter Zeit stark nachgelassen hat. Gewinne ermittelt man, indem man vom Umsatz die Kosten abzieht. Die Konzernleitung glaubt, dass die Kosten sich zur Zeit nicht weiter drücken lassen. Also muss der Umsatz erhöht werden, der sich wiederum durch Multiplikation von Preis und Nachfragemenge ergibt. Also wird ein Marketingunternehmen beauftragt, die Gründe für diese unerfreuliche Entwicklung zu erforschen, eine neue Marketingstrategie zu entwickeln und vorherzusagen, wie sich mit dieser neuen Strategie der Umsatz und damit die Gewinne entwickeln werden. Nehmen wir an, dass Sie nach Ihrem VWL- oder BWL-Studium für dieses Marketingunternehmen tätig sind und diesen Auftrag bearbeiten sollen. Um diesen Job erfolgreich erledigen zu können, brauchen Sie eine Ahnung davon, wovon die Nachfrage nach Schokolade abhängt.

Mit Ahnung meinen wir aber nicht, einen guten Wahrsager zu finden oder jemand, dem es bei der richtigen Zahl im Fuß juckt. Wahrsager haben bei näherer Analyse ziemlich schlechte Erfolgsquoten, und juckende Füße würde ich eher auf andere Ursachen zurückführen. Natürlich gibt es immer wieder Leute, die ein dramatisches Ereignis genau vorhergesehen haben. Ich würde aber nicht darauf wetten, dass denen das bei den zehn nächsten dramatischen Ereignissen auch gelingt. Die 1000 Leute hingegen, die andere dramatische Ereignisse genau vorhergesehen haben, die aber leider nie eingetreten sind, werden damit nicht an die Öffentlichkeit gehen. Oft sind solche Vorhersagen auch hinsichtlich Ereignis, Ort und Zeit derart unpräzise formuliert, dass sie auf fast alles passen, also keine Hilfe sind. Nein, hier soll die wissenschaftliche Methode beschrieben werden, ein Problem zu lösen. Ein wesentliches Merkmal dieser Methode ist die Reproduzierbarkeit. Das heißt, dass andere (zum Beispiel die Konzernleitung) nachvollziehen können, wie Sie Ihre Strategie entwickelt haben, und nachrechnen können, wie die Gewinne vorhergesagt wurden. In der Wissenschaft nennt man solche Ahnungen *Theorien*.

Wovon hängt die Nachfrage nach Schokolade vielleicht ab? Einige kaufen seit vielen Jahren eine Schokoladensorte, weil ihre Oma diese schon immer gekauft hat. Andere kaufen die Schokolade in der blauen Packung eines bekannten Discounters, weil sie so preiswert ist. Sie würden aber eine andere Sorte kaufen, wenn sie mehr Geld hätten. Manche finden vielleicht zwei Sorten lecker und würden die Sorte wechseln, wenn ihre bisherige Stammsorte die Preise erhöht. Wieder andere kaufen ihre Sorte (vielleicht ohne es zu merken), weil der Chocolatier in der Werbung beim Rühren der Schokoladenmasse so liebevoll und gewissenhaft lächelt, weil die lila Kühe so süß sind oder nur, weil sie vor der Supermarktkas-

# Modelle und Funktionen

se so praktisch in Griffhöhe liegt. Und einige kaufen eine Sorte, von der sie sicher sind, dass sie keine gentechnisch veränderten Inhaltsstoffe enthält.

Sortieren wir die Ideen doch ein bisschen. Der Preis und das Einkommen spielen keine schöne, aber eine wichtige Rolle: Wenn man mehr Geld hat, kann man mehr und/oder hochwertigere Schokolade kaufen. Wenn eine Schokoladensorte (bei gleicher Qualität) preiswerter ist, wird sie im Allgemeinen mehr gekauft. Gute Werbung kann die Nachfrage erhöhen. Bei manchen Kunden können Gesundheit und Umweltbewusstsein auch eine Rolle spielen. Damit haben wir schon wesentliche Bestandteile einer guten ökonomischen Theorie oder eines guten ökonomischen Modells zur Beschreibung der Nachfrage von Haushalten nach einem Gut wie Schokolade zusammen. Solch ein *Modell* schreiben Wirtschaftswissenschaftler in Form einer Funktion auf. Liebe Leserin, lieber Leser, Sie müssen jetzt ganz tapfer sein, denn nun kommt sie:

$$x^N = f(p, p_s, y, a, h) + u. \tag{2.1}$$

Damit haben Sie hier die erste mathematische Gleichung gesehen. Bitte legen Sie das Buch nun aber nicht sofort weg. Keine Panik! Wir sehen uns diesen merkwürdigen Buchstabensalat ganz in Ruhe an. Das $x^N$ auf der linken Gleichungsseite steht für die Nachfragemenge $x^N$ nach einer bestimmten Schokoladensorte, denn Mengen bekommen bei Ökonomen meistens das Symbol $x$. Das $p$ auf der rechten Seite ist der Preis dieser Sorte. $p_s$ dagegen ist der Preis der konkurrierenden Schokoladensorte – wir nehmen an, dass es nur eine direkte Konkurrentin auf dem Markt gibt ($s$ steht für Substitut). Dann kommt das Haushaltseinkommen $y$ (denn das Symbol bekommen Einkommen bei Ökonomen meistens), der Werbeaufwand $a$ (vom englischen Wort *advertisement*) und der Gesundheits- und Umwelteffekt $h$ (vom englischen Wort *health*). Es ist also fast alles enthalten, was wir gerade eben zusammengetragen haben. Trotzdem scheint es ausgesprochen mutig zu sein, in obiger Gleichung $x^N = f(\ldots)$ zu schreiben und damit zu behaupten, dass die Nachfrage *eine Funktion* der Variablen in der Klammer ist.

Was ist denn jetzt mit Ihrer Oma? Und was ist mit den vielen anderen möglichen Variablen, die vielleicht bei anderen Personen wesentlichen Einfluss auf die Schokoladennachfrage haben? Die fehlen! Das ist der Witz bei einem Modell, denn Modelle sind stark vereinfachte Abbilder der Realität. Man beschränkt sich also ganz bewusst auf wenige wichtige und messbare Variablen. Stellen Sie sich vor, Sie kommen nach einer monatelangen Feldstudie zum Ergebnis, dass die Nachfrage nach der Schokoladensorte des von Ihnen beratenen Konzerns in Kiel gegenwärtig von 13 768 Variablen abhängt, die Sie alle aufzählen können. Erstens glaube ich nicht, dass Sie wirklich recht haben. Zweitens wird Ihr Modell wahrscheinlich in Hamburg nicht mehr gelten, und in Kiel im nächsten Jahr auch nicht mehr. Auf die Gesichter der Konzernleitung, wenn Sie Ihre Gleichung mit 13 768 Variablen präsentieren, freue ich mich auch schon. Suchen Sie sich schon einmal einen neuen Job, denn das Modell wird so kompliziert, unhandlich und unpraktisch sein, dass damit keiner arbeiten kann und will.

Sie sagen, dass Ihre Oma wirklich wichtig für die Auswahl Ihrer Schokoladensorte ist. Das glaube ich gerne, aber für die Aufnahme in das Modell reicht das trotzdem nicht. Denn erstens ist Ihre Oma nur für Ihre Schokoladensortenentscheidung wichtig, so wie ein paar andere Omas oder Tanten oder vergleichbare nette Leute für andere Kunden wichtig sind, aber lange nicht für viele oder alle Kunden. Zweitens gibt es leider keine Daten über den Einfluss der Omas auf den Schokoladenkonsum. Daten aber werden gebraucht, um dann die obige Nachfragefunktion *schätzen* und mögliche zukünftige Absätze und Gewinne vorhersagen zu können (Sie erfahren noch, wie das gemacht wird). Für die anderen erklärenden Variablen in obiger Nachfragefunktion hingegen liegen der Firma Daten vor oder sind zumindest schnell zu beschaffen.

Dann ist die Gleichung aber doch falsch! Nein, die Behauptung $x^N = f(\ldots)$ ist wahrscheinlich falsch (aber hoffentlich nur ein bisschen), die Gleichung ist nicht falsch, denn ganz am Ende steht dieses kleine, unscheinbare $u$. Das ist ein sogenannter *Fehlerterm*. Der nimmt all das auf, was die erklärenden Variablen in der Klammer von der Nachfrage nicht erklären können. Es könnte zum Beispiel sein, dass die Schokoladennachfrage wegen einer Hitzewelle in dem von Ihnen analysierten Zeitraum zeitweise besonders gering oder wegen einer Kältewelle besonders hoch war. Vielleicht ist die Schokoladennachfrage in einem Geschäft untypisch gering, weil die Süßwarenecke schlecht beleuchtet oder belüftet ist. In einem anderen Geschäft ist die Schokoladennachfrage ungewöhnlich hoch, weil die Verkäuferin da so nett ist. Auf diese Weise können viele kleine (für Konzernleitung und Marketing nicht beobachtbare) Störungen die Schokoladennachfrage leicht verändern. All diese kleinen nicht beobachtbaren oder nicht messbaren oder nur für manche Kunden, Geschäfte, Tage gültigen Einflüsse bezeichnet man als zufällige Störungen und überlässt sie dem Fehlerterm. Im systematischen Teil $f(p, p_s, y, a, h)$ der Funktion stehen nur die wenigen Variablen, die messbar und für viele Kunden, Geschäfte und Tage wichtig sind.

Wird der Fehlerterm nicht zu groß, wenn so viele Variablen fehlen? Wenn man aufpasst, nicht: Mit statistischen Methoden, die später noch angesprochen werden, kann man kontrollieren, dass das nicht geschieht. Generell geht es immer darum, zwischen Einfachheit und Genauigkeit gut abzuwägen. Wenn Sie ganz ängstlich sind und sagen, dass „alles von allem abhängt", machen Sie garantiert keinen Fehler, aber Sie können auch nichts über die Realität aussagen und der Konzernleitung nicht helfen (was dieser nicht gefallen wird). Nur wenn Sie mutig sind und Unwichtiges hinauswerfen, können Sie das Wesentliche entdecken. Solche wichtigen Beschränkungen auf das Wesentliche nennen Wissenschaftler *Restriktionen*. Wenn Sie jede kleinste Nachfrageänderung (durch Omas, Wetter und vieles mehr) noch erklären wollen, wird Ihr Modell so kompliziert, dass keiner es mehr versteht und (s. o.) die Konzernleitung Sie hinauswirft. Außerdem werden leider auch noch die Vorhersagen schlechter, wenn Sie zu viele Variablen im Modell haben. Natürlich darf Ihr Modell aber auch nicht zu einfach werden, weil wirklich wichtige Variablen fehlen. Denn dann ist Ihr Job genauso in Gefahr, weil sich nämlich herausstellen wird,

## Modelle und Funktionen 15

dass Ihre Vorhersagen schlecht sind. Das Motto bei der Modellbildung ist also: So einfach wie möglich, aber nicht einfacher.

Wenn man mehr erklärende Variablen aufnimmt, wird das Modell aber doch immer besser, oder? Nicht unbedingt! Sie werden zwar eine immer bessere *Anpassung* Ihres Modells an die Daten erhalten (mehr dazu im nächsten Kapitel), aber besseres Verständnis der Realität erlangen Sie damit nicht unbedingt. Wenn Sie zu elf Variablen, die in Ihrem Modell eigentlich gar nichts zu suchen haben, eine zwölfte mit dem gleichen Mangel hinzutun, haben Sie nichts gewonnen. Es könnte sein, dass man im Jahre 2044 herausfindet, dass Sie Ihre ganze Preis-Einkommen-Werbung-Theorie vergessen können, weil einfach der Mangel an einem in der medizinischen Forschung gerade entdeckten Spurenelement die Schokoladennachfrage perfekt erklärt.

Sie haben bisher immer gedacht, dass es die Aufgabe von Wissenschaftlern ist, aus Erfahrung und Beobachtung *allgemeine Gesetze* abzuleiten? Wirtschaftswissenschaftler müssen sich daher für viele Kunden, Geschäfte und Tage den Zusammenhang von Preis und Nachfrage ansehen, um dann daraus nach ausreichender Beobachtung das allgemein gültige Gesetz „Mit steigendem Preis eines Gutes sinkt dessen Nachfrage" herzuleiten! – Diese Ansicht ist leider ziemlich veraltet. Daran glaubte man nur bis zur ersten Hälfte des vorigen Jahrhunderts, bis der berühmte Philosoph und Wissenschaftstheoretiker K.R. Popper zeigte, dass mit dieser Methode (wie mit jeder anderen Methode) keine *allgemeinen Gesetze* über die Realität bewiesen werden können und dass Beobachtungen dafür keine sichere Grundlage sind. Es ist (und bleibt) nämlich völlig unklar, wie oft man eine sinkende Nachfrage bei steigendem Preis beobachten muss, um daraus ein allgemeines Gesetz herzuleiten. Wenn Sie glauben, dass 1000 Beobachtungen genügen, ist das keine Garantie, dass beim 1001. Mal nicht die Nachfrage mit dem Preis steigt. In Kapitel 4 werden Sie Situationen kennen lernen, in denen die Nachfrage nicht so reagiert, wie man das auf den ersten Blick vermuten würde.

Es kann auch sein, dass Ihre Idee mit dem Preiseinfluss überhaupt keine gute Idee ist, dass Sie also in der völlig falschen Ecke der Realität suchen. Mein früherer Hausarzt hielt die Ökonomie für eine ziemlich ungenaue Wissenschaft. Medizinische Ergebnisse hingegen fand er viel vertrauenswürdiger, weil man da *messen* könne. Dass aber vor der Messung erst einmal festgelegt werden muss, was man misst, und dass diese Festlegung von Theorien (die falsch sein können) abhängt, das kam ihm – auch mit Nachhilfe – nicht in den Sinn. Wenn er eine Krankheit feststellen wollte, dann maß er eben den Blutdruck, ein paar Blutwerte etc. Die diagnostischen Verfahren der Chinesen, Inder oder Indianer hielt er für unwissenschaftlichen Unfug. Er hätte niemals eine Irisdiagnose oder osteopathische Verfahren hinzugezogen, um eine Krankheit festzustellen. Vielleicht hätte dies aber manche seiner Ergebnisse verändert.

Wissenschaftler sind doch auf der Suche nach der Wahrheit, oder? Nein! Die Latte wurde klammheimlich etwas tiefer gehängt, damit auch noch die Chance besteht, hinüberzukommen. Es ist mittlerweile allgemein akzeptiert, dass – ein berühmter Satz des berühmten Statistikers G.E.P. Box[1] – „alle Modelle falsch, aber manche nützlich" sind. Man sucht empirische Regelmäßigkeiten statt allgemeiner Gesetze und man versucht, die Realität zu verstehen, nicht die Wahrheit zu finden. Letzteres ist nur eine Illusion. Das gilt ebenso für die Physik, auch wenn natürlich die Fehler dort deutlich geringer als in der Ökonomie sind. Die Einsteinsche Relativitätstheorie und alle anderen physikalischen Theorien sind auch nur Modelle, also vereinfachte Abbilder der Realität, die durch Konzentration versuchen, die zu komplexe Realität zu verstehen. Wer etwas mehr Material zu solchen wissenschaftstheoretischen Fragen sucht, dem sei Chalmers (1989) empfohlen.

Was hat man nun davon, ein ökonomisches Modell in der Form einer Funktion zu notieren? Zunächst einmal weiß man dann, dass zu jedem Satz von Werten für Preise, Einkommen, Werbeaufwand etc. genau ein Nachfragewert (ein Funktionswert) gehört, und nicht zwei, zwölf oder keiner. Zweitens kann man damit rechnen und unter anderem Veränderungen der Nachfrage unter Nutzung von Ableitungen ermitteln. Schließlich man kann so viel einfacher und genauer relevante Phänomene definieren und empirische Regelmäßigkeiten analysieren, wie Sie im Folgenden sehen werden.

Ich hoffe, dass nun alle Leserinnen und Leser ausreichend überzeugt sind, wozu Wirtschaftswissenschaftler Funktionen brauchen. Wer noch viel mehr Beispiele zu ökonomischen Funktionen sehen will, der findet sie zum Beispiel in Tietze (2009).

---

[1] Box, Draper (1987, S. 424)

# Kapitel 3

# Warum einfache Funktionen?

Zur Erinnerung: Sie sind immer noch nach Ihrem Studium für ein Marketingunternehmen tätig und haben den Auftrag, den Umsatz einer bestimmten Schokoladensorte eines Süßwarenkonzerns zu erhöhen. Dazu haben Sie zunächst die Nachfrage nach dieser Schokoladensorte erforscht. Sie haben schon gelernt, dass man dazu ganz viel Unwichtiges und Verwirrendes einfach vernachlässigt und sich im Rahmen eines Modells auf die sogenannte Nachfragefunktion

$$x^N = f(p, p_s, y, a, h) + u \qquad (3.1)$$

mit der nachgefragten Menge $x^N$ der von Ihnen untersuchten Schokoladensorte, deren Preis $p$, dem Preis $p_s$ der konkurrierenden Schokoladensorte, dem Haushaltseinkommen $y$ der Kunden, dem Werbeaufwand $a$, dem Gesundheitseffekt $h$ und einem Fehlerterm $u$ konzentriert.

Jetzt haben Sie für diverse Geschäfte und Zeiträume Daten zu Nachfrage (in Schokoladentafeln pro Geschäft pro Woche) und Preisen (in Euro pro Tafel) zusammengestellt. Vom Süßwarenkonzern haben Sie Daten zu Werbeaufwand (in Euro pro Monat) und Gesundheitseffekt (vielleicht ermittelt durch eine Kundenbefragung auf einer Skala von null bis zehn) erhalten. Auch Informationen zum durchschnittlichen Haushaltseinkommen (in Euro pro Monat) der Kunden in der Nähe der einbezogenen Geschäfte liegen vor. Mit diesen Daten machen Sie sich nun erst einmal an die nähere Untersuchung des Zusammenhangs zwischen dem Preis der Schokoladensorte und der Nachfrage danach, weil Sie die Vermutung haben, dass durch sinkenden Preis der Schokoladensorte die Nachfrage danach steigt.

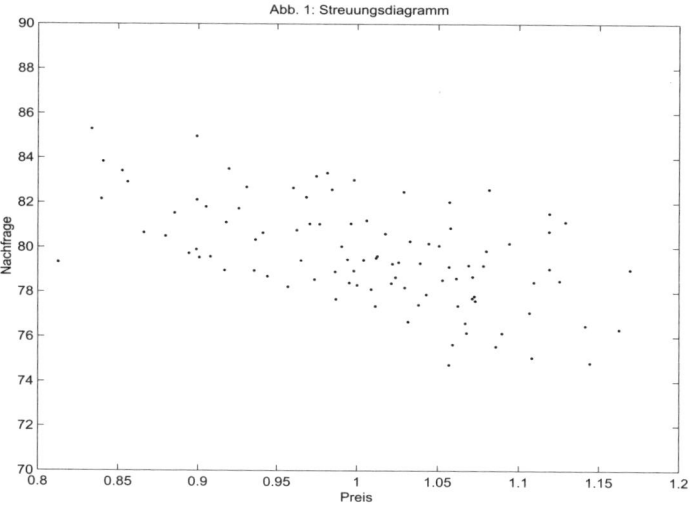

Um den Zusammenhang zwischen Preis und Nachfrage gut beobachten zu können, müssen zunächst die Nachfragedaten etwas bereinigt werden. In großen Geschäften wird natürlich mehr Schokolade verkauft als in kleinen und in der Vorweihnachtszeit mehr als im Hochsommer. Wie man Daten um solche und andere Effekte bereinigt, erfährt man im Studium in den Statistik-Vorlesungen. Wenn Sie nun Ihre bereinigten Nachfragedaten (in standardisierten Schokoladentafelzahlen pro Geschäft pro Woche) und die Preisdaten (in Euro pro Tafel) für die diversen Geschäfte und Wochen in einem Diagramm aufzeichnen, könnte das ungefähr wie in Abbildung 1 aussehen.

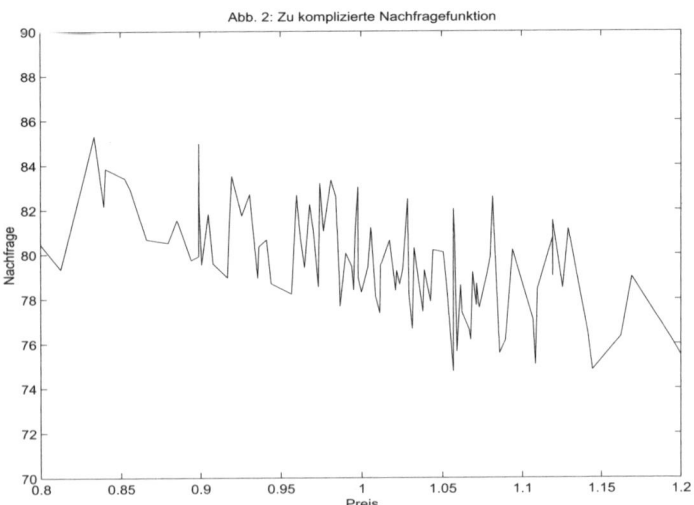

Wenn man dann – ohne Rücksicht auf Verluste – einfach alle Punkte von links nach rechts miteinander verbindet, dann erhält man in Abbildung 2 den ersten Versuch einer Nachfragefunktion in Abhängigkeit vom Preis.

Wir hatten doch die Vermutung, dass mit steigendem Preis der Schokoladensorte die Nachfrage danach sinken sollte. Man sieht zwar einen schwachen negativen Trend, aber warum geht die Nachfrage mit steigendem Preis ständig hinauf und hinunter? Warum ist das so ein Chaos? Dafür gibt es zwei wesentliche Gründe:

Wenn Sie sich nur auf die Beziehung zwischen Preis und Nachfrage konzentrieren, ignorieren Sie zum einen völlig die Wechselbeziehungen zwischen den erklärenden Variablen untereinander. Wenn eine ganz tolle neue Werbung die Fernseher und Zeitschriften überflutet, dann vergessen die Kunden vielleicht einmal Einkommen und Preise und kaufen, weil die lila Kühe so süß sind. Wenn manchen Kunden ihre Gesundheit sehr wichtig ist (und sie auch nicht ganz arm sind), dann kaufen diese Kunden auch eine ziemlich teure Schokolade, sofern nur ‚Bio' draufsteht. Den Kunden, die Geld wie Heu haben, ist der Preis vielleicht völlig egal. All diese Wechselwirkungen verwischen den (vielleicht) vorhandenen Zusammenhang zwischen Preis und Nachfrage.

Zum anderen haben wir im vorigen Kapitel – Sie erinnern sich bestimmt – unfreundlicherweise Ihre Oma aus dem Modell geworfen, und mit ihr all die anderen nicht beobachtbaren oder nicht messbaren Einflüsse durch das Wetter, schlechte Beleuchtung, nette Verkäuferinnen etc., die die Schokoladennachfrage nach oben oder nach unten leicht verändert haben können. Diese zufälligen

Störungen stecken im Fehlerterm und verwischen auch den (vielleicht) vorhandenen Zusammenhang zwischen Preis und Nachfrage.

Wie findet man heraus, ob mit steigendem Preis wirklich die Nachfrage nach einer Schokoladensorte sinkt oder nicht? Sie müssen noch einmal ganz mutig sein und nicht nur viele unwichtige Variablen hinauswerfen, sondern auch viele zu komplizierte Funktionsformen ausschließen, die den Blick auf das Wesentliche versperren. Sie müssen also noch eine weitere Restriktion setzen, nun auf die Funktionsform. Auch damit werden Sie einen Fehler begehen, der hoffentlich nicht zu groß ist, und dabei wieder zwischen Einfachheit und Genauigkeit sorgfältig abwägen. Sie haben aber oben gesehen, dass Sie ohne diese Beschränkung jede kleine Nachfragedelle unkontrolliert mitnehmen und überhaupt nichts sehen. Wenn Ihr Auto Stoßdämpfer hat, dann bekommt Ihr Modell nun auch welche. Wir nehmen also für die Nachfragefunktion (inklusive Fehlerterm) an, dass diese linear ist:

$$x^N = b_0 + b_1 \cdot p + b_2 \cdot p_s + b_3 \cdot y + b_4 \cdot a + b_5 \cdot h + u. \qquad (3.2)$$

Im Kapitel 6 werden Sie übrigens erfahren, was Sie machen können, wenn diese Annahme zu hart ist. Die Faktoren $b_0, b_1, b_2, b_3, b_4, b_5$ vor den erklärenden Variablen heißen *Parameter*.

Wenn man nun noch den Einfluss der übrigen erklärenden Variablen konstant hält, muss man sich nicht mit der Darstellung obiger Funktion von fünf Variablen im sechsdimensionalen Raum herumplagen, sondern kann sich auf den partiellen Zusammen-

# Warum einfache Funktionen?

hang zwischen Preis und Nachfrage konzentrieren. Dieser ist dann im zweidimensionalen Raum durch eine Gerade darstellbar, die vielleicht aussieht wie in Abbildung 3.

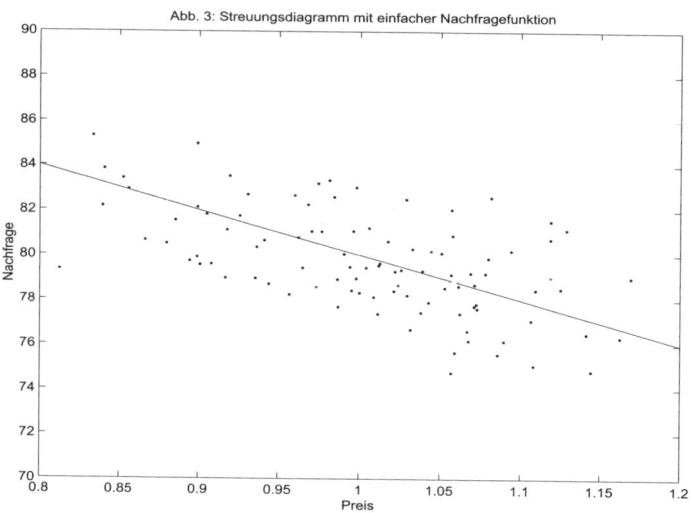

Abb. 3: Streuungsdiagramm mit einfacher Nachfragefunktion

Wo bekommt man diese Parameter $b_0, b_1, b_2, b_3, b_4, b_5$ und damit die Funktion und diese Gerade her? Man nimmt zunächst einmal an, dass die zufälligen Störungen im Fehlerterm $u$ wirklich zufällig manchmal nach oben, manchmal nach unten stören, also im Mittel (das kennen Sie schon aus der Schule) gleich null sind. Die Parameter werden dann so berechnet (*geschätzt*, sagt man in der Statistik), dass der Fehlerterm möglichst klein wird.

Was muss man dazu können? Sie müssen Funktionen ableiten und Nullstellen bestimmen können! Die Ermittlung der Parameter $b_0, b_1, b_2, b_3, b_4, b_5$ ist ein sehr wichtiges Optimierungsproblem, das Sie in der Statistik-Vorlesung kennenlernen werden, bei dem Sie eine gewisse Funktion nach diesen Parametern ableiten müssen und dann ein Nullstellenproblem zu lösen haben. Wer das Verfahren (*Regressionsanalyse* heißt es) schon einmal sehen will, findet es zum Beispiel in Schira (2003, S. 541). In der Statistik werden Sie dann auch lernen, wie man prüfen kann, ob die Fehlerterme nicht zu groß sind, ob die einfache Funktionsform passt etc.

Und siehe da: Wenn wir uns diesen partiellen Zusammenhang zwischen Preis und Nachfrage in Abbildung 3 ansehen, der sich ergibt, nachdem wir im Modell ordentlich aufgeräumt haben und den Einfluss der übrigen erklärenden Variablen konstant halten, dann ist dieser partielle Zusammenhang wirklich im Mittel negativ. Wenn sich also der Preis $p_s$ der konkurrierenden Schokoladensorte, das Haushaltseinkommen $y$ der Kunden, der Werbeaufwand $a$ und der Gesundheitseffekt $h$ nicht ändern, führen steigende Preise der Schokoladensorte im Modell im Mittel zu sinkender Nachfrage nach dieser Schokoladensorte.

Wie kommt es eigentlich, dass in Gleichung (3.2) zum Beispiel aus den Geldeinheiten des Preises (kurz: Euro) auf der rechten Seite Mengeneinheiten (kurz: Schokoladentafeln) auf der linken Seite werden? Macht diese Gleichung überhaupt Sinn? Ja, denn auch die Parameter haben Einheiten. So hat der Parameter $b_1$ des

# Warum einfache Funktionen?

Preises $p$ die Einheit

$$\frac{\text{Schokoladentafeln}}{\text{Euro}}, \qquad (3.3)$$

denn er ist gleich der Ableitung der Nachfrage $x^N$ nach dem Preis $p$, gibt also die Änderung der Nachfrage (in Schokoladentafeln) bei Änderung des Preises (in Euro) an (mehr zu Ableitungen gibt es in Kapitel 7). Damit hat dann der Summand $b_1 \cdot p$ die Einheit

$$\frac{\text{Schokoladentafeln}}{\text{Euro}} \cdot \text{Euro} = \text{Schokoladentafeln}. \qquad (3.4)$$

Genauso überlegt man sich, dass alle anderen Summanden der rechten Seite der Gleichung (3.2) auch die Einheit ‚Schokoladentafeln' haben, daher sinnvoll summierbar sind und die gleiche Einheit wie die Nachfrage auf der rechten Gleichungsseite haben.

Wie Sie im vorigen Kapitel gelernt haben, haben wir mit dem in Abbildung 3 dargestellten partiellen Zusammenhang zwischen Preis und Nachfrage aber kein allgemeines Gesetz über die Realität gefunden. Man sollte sich auch darüber im Klaren sein, dass sich der gefundene Zusammenhang nicht beliebig räumlich und zeitlich verallgemeinern lässt. In obiger Abbildung beobachten wir nur Preise zwischen 80 ct und 1,20 €. Wenn man – in viel zu großem Glauben an die universelle Gültigkeit des gefundenen Zusammenhangs – das Geradenstück links und rechts weit verlängert, dann könnte man folgern, dass genau bei einem Preis von 0 € die Nachfrage 100 Schokoladentafeln beträgt (und sogar noch höher ist, wenn man den Kunden noch Geld dazu schenkt) und dass genau bei einem Preis von 5 € die Nachfrage verschwindet (und bei einem noch höheren Preis die Kunden ihre Tafeln zurückbringen). Solche Aussagen sind genau das, wonach sie klingen: Unsinn.

Man kann natürlich Nachfrage-Prognosen auch für einen gewissen Preisbereich unter 80 ct und über 1,20 € erstellen, aber je mehr man sich von dem Bereich, für den man Daten hat, entfernt, desto größer werden die Fehler. Man hat nämlich für weit von der Datenwolke entfernte Bereiche einfach keine Informationen, welche Funktionsform die Nachfragefunktion dort hat und kann daher nur Vermutungen (die falsch sein können) darüber anstellen. Wahrscheinlich wird die Funktion bei ganz niedrigen und ganz hohen Preisen keine Gerade mehr sein, sondern sich eher (wie eine Hyperbel) asymptotisch den Achsen nähern. Der Süßwarenkonzern wird sich außerdem weder für die Nachfrage bei einem Preis von 10 ct noch für die Nachfrage bei einem Preis von 4 € interessieren.

Genauso kann man eine Nachfragefunktion, die nur mit Daten aus den reichsten Wohngegenden geschätzt wurde, nicht einfach auf Kunden aus allerärmsten Wohngegenden übertragen. Eine Wirtschaftskrise kann das beobachtete Nachfrageverhalten auch drastisch verändern. Aber trotzdem: Für einen wichtigen (sonst gäbe es dafür keine Daten) Bereich haben wir einen einfachen Zusammenhang zwischen der Nachfrage und wichtigen erklärenden Variablen gefunden, mit dem nun endlich Nachfrage, Umsatz und Gewinne untersucht werden können. Dann können die Marketingexperten jetzt in Ruhe ihre Arbeit tun.

# Kapitel 4

# Wie Funktionen das Verständnis erleichtern

Sie haben in den Kapiteln 2 und 3 gesehen, was es bedeutet, wenn Ökonomen zum Beispiel eine Nachfragefunktion hinschreiben und daran zeigen, dass mit steigenden Preisen die Nachfrage sinkt. Man hat viel Unwesentliches hinausgeworfen, man hält den Einfluss der anderen erklärenden Variablen konstant, und dann sieht man diesen Zusammenhang im Mittel. Da Sie das nun verstanden haben, konzentrieren wir uns in den folgenden Kapiteln auf die Funktionen, ignorieren also die zufälligen Störungen in den Fehlertermen. Das machen die theoretischen Wirtschaftswissenschaftler genauso.

Sind eigentlich alle wichtigen ökonomischen Funktionen linear, also so herrlich einfach? Nein, leider nicht! In Kapitel 6 erfahren Sie aber, wie man einige nicht-lineare Modelle mit Hilfe der Mathematik vereinfachen kann. Schauen wir uns nun noch eine weitere Nachfragefunktion an, und zwar den partiellen Zusammenhang zwischen Haushaltseinkommen und Nachfrage, von dem wir annehmen, dass die Nachfrage mit dem Haushaltseinkommen steigt. Die geometrische Darstellung dieser Funktion wird meist aussehen wie in Abbildung 4. Das Wort ‚normal' aus dem Titel der Grafik erkläre ich Ihnen übrigens am Ende des Kapitels.

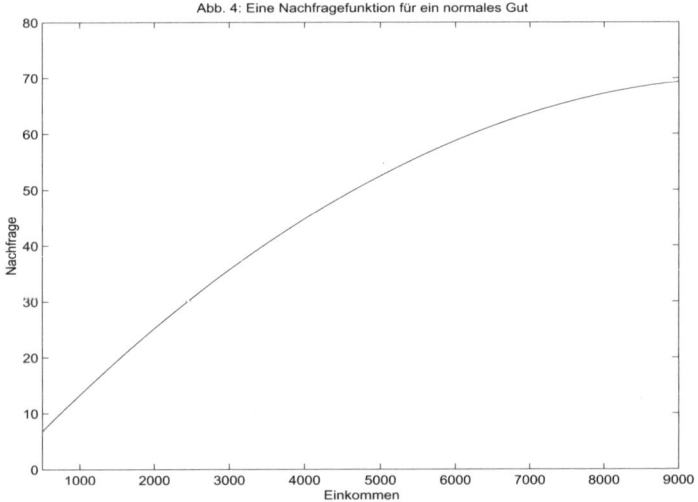

Abb. 4: Eine Nachfragefunktion für ein normales Gut

Warum ist diese Funktion keine Gerade? Warum wächst sie erst stark und dann immer weniger (für sehr große Einkommen wächst sie praktisch gar nicht mehr)? Stellen Sie sich vor, Sie verdienen 800 € pro Monat und leisten sich ab und zu eine Tafel Schokolade, denn mehr ist nicht möglich. Aber dann bekommen Sie einen besseren Job und verdienen monatlich 1000 €. Danach werden Sie sich vielleicht häufiger eine Tafel Schokolade und andere Dinge

# Wie Funktionen das Verständnis erleichtern

leisten, die über das absolut Notwendige hinausgehen. Gut. Jetzt stellen Sie sich vor, Sie verdienen 9000 € pro Monat (das klingt schon bedeutend besser, nicht?). Dann können Sie sich nicht beliebig viele, aber wahrscheinlich so viele Tafeln Schokolade leisten, wie Sie essen (und verschenken) mögen. Wird sich Ihr Schokoladenkonsum wesentlich ändern, wenn Ihr monatlicher Verdienst dann auf 9200 € steigt? Wahrscheinlich nicht. Man kann halt nicht mehr essen oder trinken, als in den Bauch hineinpasst. Und Ihre Freunde werden sich über die dauernden Schokoladengeschenke irgendwann auch nicht mehr freuen. Das heißt, dass der gleiche Einkommenszuwachs von 200 € umso weniger Nachfragezuwachs bewirkt, je mehr Einkommen Sie haben.

Wie sieht die Gleichung einer solchen Funktion aus? Das kann eine *Potenzfunktion*

$$x^N = b_0 \cdot y^{b_1} \tag{4.1}$$

mit $b_0 > 0$ und $0 < b_1 < 1$ sein. Wie Sie in Kapitel 7 erfahren werden, ist diese Funktion eine der wichtigsten ökonomischen Funktionen, weil derartige Zusammenhänge (etwas wächst, aber es wächst immer schwächer) ganz häufig sind. Eine solche Funktion bezeichnet man übrigens als *konkav* (gekrümmt). Vielleicht haben Sie Konkavität und Konvexität (und deren Identifizierung mit zweiten Ableitungen) schon in der Schule kennen gelernt. Wenn nicht, dann folgt das bald. Sie erfahren in diesem Buch, dass diese Begriffe in der Ökonomie auch oft benötigt werden und daher nicht nur mathematischer Zeitvertreib für lange Winterabende sind.

Am Wertebereich der Potenz $b_1 < 1$ erkennen Sie übrigens, dass die Funktion in (4.1) auch als eine *Wurzelfunktion* darstellbar ist. Sie können nämlich (4.1) auch als

$$x^N = b_0 \cdot \sqrt[c]{y} \qquad (4.2)$$

mit $c > 1$ schreiben. In der Potenzrechnung haben Sie gelernt, dass

$$\sqrt[c]{y} = y^{1/c} \qquad (4.3)$$

ist. Jetzt setzen Sie noch $b_1 = \frac{1}{c}$ und dann sehen Sie, dass in (4.1) auch eine Wurzelfunktion vorliegt.

Im letzten Kapitel hatten wir doch geschrieben, dass auch zwischen Einkommen und Nachfrage ein linearer Zusammenhang besteht. Nur die Ruhe: Im übernächsten Kapitel werden Sie erfahren, wie Sie von einer Potenz- oder Wurzelfunktion (und einigen anderen wichtigen nicht-linearen Funktionen) zurück zur einfachen linearen Funktion kommen. Die Mathematik lässt Sie nicht im Stich. Sie müssen dann nur Ihre Daten (Ihre Variablen) etwas umformen.

Bleiben wir noch etwas bei dem partiellen Zusammenhang zwischen Haushaltseinkommen und Nachfrage. Stellen Sie sich noch einmal vor, Sie verdienen nur 800 € pro Monat (ich weiß, ich bin gar nicht nett zu Ihnen). Weil Sie so wenig Geld haben, sich aber doch ab und zu eine Tafel Schokolade gönnen wollen, kaufen Sie eine billige Sorte, die Sie eigentlich gar nicht so lecker finden. Wenn Sie dann einen besseren Job und mehr Geld bekommen, erhöhen Sie vielleicht nicht die Menge der billigen Schokolade, sondern Sie reduzieren diese und kaufen sich gelegentlich eine teurere und leckerere. Das bedeutet, dass Sie nicht mehr, sondern bessere Schokolade kaufen. Die Nachfragefunktion für die billige Schokoladensorte kann eine *Hyperbelfunktion* mit der Funktionsgleichung

$$x^N = \frac{b_0}{y^{b_1}} = b_0 \cdot y^{-b_1} \tag{4.4}$$

mit $b_0 > 0$ und $0 < b_1 < 1$ und einem Graphen wie in Abbildung 5 sein.

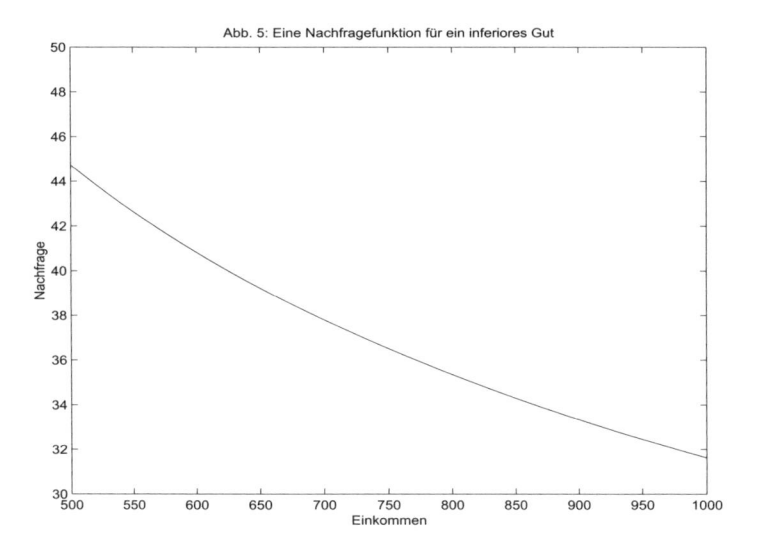

Abb. 5: Eine Nachfragefunktion für ein inferiores Gut

Ökonomen nennen ein Gut wie diese billige Schokoladensorte *inferior* (also minderwertig), wenn die Nachfragefunktion mit steigendem Einkommen sinkt. Im obigen Fall hingegen, wo die Nachfragefunktion mit steigendem Einkommen steigt, heißt das Gut (hier eine bessere Schokoladensorte) *normal*. Die Ökonomen definieren also – und das geschieht häufig – Eigenschaften von Personen, von Firmen, von Gütern, von Märkten über die mathematischen Eigenschaften von Funktionen. Damit haben wir einen weiteren wichtigen Anwendungsbereich der Mathematik in den Wirtschaftswissenschaften erreicht, der über das bloße Rechnen hinausgeht. Warum benutzen Ökonomen die Mathematik zur Definition ökonomischer Begriffe?

Zum einen kann man auf diese Weise genau sagen, was man meint. Denn in der Realität können, wie Sie in den vorigen Kapiteln gesehen haben, ziemlich viele Einflüsse einen einfachen Zusammenhang, etwa zwischen Einkommen und Nachfrage, verdecken. Zum zweiten ist es einfacher! Wenn Ihnen die in den Kapiteln 2 bis 4 vorgestellten Grundlagen einer ökonomischen Funktion vertraut sind, dann können Sie Begriffe wie *inferior* und *normal* blitzschnell definieren. Versuchen Sie das aber einmal verbal ohne diesen mathematischen Unterbau, und dann noch so, dass Studierende es verstehen. Lesen Sie nur zum Spaß einmal 100 Jahre alte ökonomische Lehrbücher, in denen alle Begriffe in bestem Deutsch seitenlang verbal definiert werden. Sie glauben gar nicht, wie schnell Sie sich heutige Lehrbücher und Vorlesungen zurückwünschen. Also: Mathematik dient dazu, Eigenschaften von Personen, von Firmen, von Gütern, von Märkten einfach und präzise zu definieren. Sie werden das übrigens schnell zu schätzen wissen, etwa wenn Sie viel Stoff für eine Klausur lernen müssen. Denn wenn

Sie nicht gerade über ein fotografisches Gedächtnis verfügen, sind ein bis zwei verstandene Formeln viel leichter zu behalten als ein bis zwei Seiten reiner Text.

# Kapitel 5

# Der Nutzen einer Formel

In den bisherigen Kapiteln haben Sie gesehen, wie Mathematik in den Wirtschaftswissenschaften benutzt wird, um mittels Funktionen die ökonomische Realität vereinfacht zu beschreiben. Manche Leserinnen und Leser werden sich jetzt vielleicht besorgt fragen, ob in der Ökonomie nicht auch einfach gerechnet wird. Doch, doch – keine Angst! In diesem Kapitel werden Sie an diversen Beispielen erfahren, wie ökonomisch relevante Fragen durch Berechnung beantwortet werden.

Alle Beispiele dieses Kapitels basieren auf der Exponentialfunktion. Wie in ganz vielen Disziplinen wächst (oder fällt) auch in der Ökonomie vieles exponentiell. In der Ökonomie wachsen unter anderem Einkommen und Kapital (oft, hoffentlich) auf diese Weise. Die *Kapitalverzinsung* kennen Sie aus der Schule. Ein Beispiel zur Erinnerung: Nehmen wir an, dass Sie ein Startkapital von $K(0) = 1000\,€$ bei jährlicher Verzinsung am Jahresende mit dem Zinssatz $i = 0,04$ (das ist der Anteil der Zinsen am Kapital, aus dem durch Multiplikation mit 100 eine Prozentzahl, also $4\,\%$

wird) anlegen. Dann wird daraus in $t = 40$ Jahren das Endkapital

$$K(t) = K(0) \cdot (1+i)^t = 1000 \cdot 1,04^{40} = 4801,02 \,€ \qquad (5.1)$$

werden. Abbildung 6 zeigt den Graphen der Exponentialfunktion aus dieser Gleichung. Auf diesem Graphen liegen unter anderem alle Punkte $K(t)$ mit $t = 0, 1, 2, \ldots, 40$, also Ihr jeweiliges Kapital am Jahresende bei der angegebenen jährlichen Verzinsung.

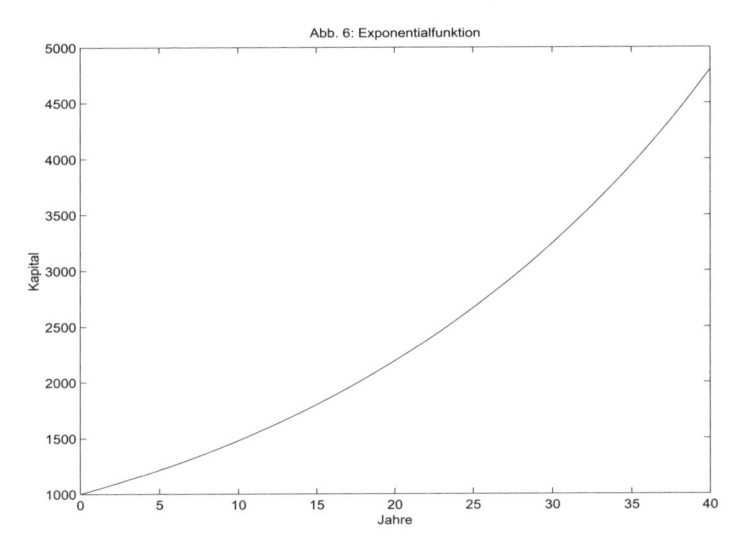

Abb. 6: Exponentialfunktion

Eine formalere Einführung der Exponentialfunktion sehen Sie im nächsten Kapitel. Nun folgen zur Erinnerung aber schon einige typische Merkmale einer Exponentialfunktion: Ein wesentlicher Unterschied zwischen dieser und einem Polynom besteht darin, dass bei einer Exponentialfunktion die Variable $t$ im Exponenten von $(1+i)^t$ und nicht in der Basis steht. Die Exponentialfunktion entsteht quasi dadurch, dass das Kapital in jedem Jahr mit dem Zinsfaktor $1+i = 1,04$ multipliziert wird (mehr dazu folgt gleich). Natürlich wächst das Kapital umso mehr, je größer der Zinssatz $i$ und je länger der Anlagezeitraum $t$ sind. Zu unterscheiden sind aber relatives und absolutes Wachstum. Während das relative Wachstum in diesem Beispiel konstant bei 4 % pro Jahr liegt, nimmt das absolute Wachstum mit der Zeit ständig zu (weil hier eine Exponentialfunktion mit einer Basis $1+i > 1$ vorliegt). Wenn man 1 € mit 4 % verzinst, beträgt der absolute Zuwachs nur 4 ct, aber wenn man eine Million Euro mit 4 % verzinst, steigt das Kapital absolut um 40 000 €. Die erste Million ist wirklich immer die schwerste.

Im Studium geht es aber natürlich nicht nur darum, ein paar Formeln in einer Formelsammlung zu haben und dann mit diesen Formeln und PC oder Taschenrechner irgendetwas auszurechnen. Es geht auch darum, das Prinzip der Formeln zu verstehen, die ökonomischen Regelmäßigkeiten in der Welt zu erkennen, die in einer exakten Formel (oder in einem abstrakten Modell wie in den bisherigen Kapiteln) zusammengefasst werden. Dann merkt man schneller, wenn man sich verrechnet hat. Ferner kann man dieses Prinzip auch auf andere Situationen übertragen, was bei wichtigen Formeln relativ oft geschieht. Das Erkennen und Verstehen ökonomischer Regelmäßigkeiten ist eine ganz wichtige Aufgabe von Wirtschaftswissenschaftlern.

Die Formel zur Kapitalverzinsung ist eine wichtige Formel, denn

## Der Nutzen einer Formel

auf dieser und ihren zahlreichen Varianten baut nicht nur eine ganze ökonomische Teildisziplin, die Finanzmathematik[1], auf, sondern noch einiges mehr in der Ökonomie. Sehen wir uns daher an, wie man auf die Formel (5.1) kommt. Am Anfang haben Sie ein Startkapital $K(0)$. Wenn das am Ende des ersten Jahres mit dem Zinssatz $i$ verzinst wird, wird daraus das Kapital

$$K(1) = K(0) + K(0) \cdot i = K(0) \cdot (1+i), \qquad (5.2)$$

aus dem man den Zinsfaktor $(1+i)$, wie hier geschehen, ausklammern kann. Am Ende des zweiten Jahres wird $K(1)$ mit dem Zinssatz $i$ verzinst. Wenn man sich an die vorherige Formel erinnert und die rechte Seite für $K(1)$ einsetzt, wird daraus das Kapital

$$K(2) = K(1) + K(1) \cdot i = K(1) \cdot (1+i) = K(0) \cdot (1+i)^2. \quad (5.3)$$

Hier wurden Zinsen auf Kapital und auf Zinsen, also Zinseszinsen, gezahlt. Genauso sieht man, dass nach drei Jahren

$$K(3) = K(0) \cdot (1+i)^3 \qquad (5.4)$$

auf dem Konto sind, und nach $t$ Jahren eben $K(t)$ in Formel (5.1).

Wenn man dieses Prinzip verstanden hat (und das war doch nicht schwer, oder?), kann man viele Varianten dieser Verzinsungsformel für quartalsweise Verzinsung, monatliche Verzinsung etc. herleiten und verstehen. Außerdem kann man, aufbauend auf

---

[1] siehe Adelmeyer und Warmuth (2005)

dieser Formel, andere Formeln entwickeln, die in den Wirtschaftswissenschaften noch wichtiger sind, wie die Formel für den Barwert.

Was ist ein Barwert? Nehmen wir an, Ihre liebe Oma empfiehlt Ihnen dieses Mal nicht nur Schokolade (siehe Kapitel 2), sondern möchte Ihnen Geld schenken. Schon besser, nicht? Weil die Gute einen Teil ihres Geldes fest angelegt hat, dürfen Sie zwischen zwei Varianten wählen. Entweder bekommen Sie 3000 € bar auf die Hand oder 4000 € in drei Jahren. Wir nehmen auch noch an, dass Sie im Moment nicht völlig pleite sind, also wirklich zwischen beiden Alternativen wählen können, und dass Ihre Entscheidung nur von dem Ertrag Ihrer Entscheidung (also Ihrem Kapital zu einem festgelegten Zeitpunkt) und vielleicht Ihrem Risikoempfinden abhängt. Dann stellt sich für Sie die Frage, was besser ist: 3000 € heute oder 4000 € in drei Jahren?

Wir sind uns zunächst einmal sicher einig, dass 4000 € heute besser als 4000 € in drei Jahren wären (wenn nicht, dann rufen Sie mich bitte dringend an, damit ich mit Ihnen ein paar nette Geschäfte abschließen kann). Der Grund ist natürlich, dass sowohl Sie als auch Ihre Oma diese 4000 € für drei Jahre anlegen könnten, und das würde Zinsen gemäß Formel (5.1) bringen. 3000 € sind aber weniger als 4000 €. Also müssen die 3000 € heute mit den 4000 € in drei Jahren vergleichbar gemacht werden. Dazu könnte man entweder die 3000 € in Formel (5.1) einsetzen und berechnen, was daraus in drei Jahren wird. Weit eleganter ist aber, Formel

## Der Nutzen einer Formel

(5.1) nach $K(0)$ aufzulösen und mit der Barwert-Formel

$$K(0) = \frac{K(t)}{(1+i)^t} \qquad (5.5)$$

zu arbeiten. Mit dem *Barwert* oder Gegenwartswert können Sie sozusagen ‚rückwärts' berechnen, was $K(t) = 4000 \, €$ in $t = 3$ Jahren beim Zinssatz $i$ heute wert sind.

In dieser Formel ist der Zinsfaktor $(1+i)^t > 1$ aus Formel (5.1) nun im Nenner der rechten Gleichungsseite. Daraus wird der *Diskontierungsfaktor*

$$0 < \frac{1}{(1+i)^t} < 1, \qquad (5.6)$$

in dem der *Diskontsatz* $i$ enthalten ist. Dieser besteht zum Teil aus dem Zinssatz, den Sie heute für zum Beispiel 4000 € bei Ihrer Bank bekommen. Wenn aber Ihr Schmerz, noch drei Jahre warten zu müssen, groß ist oder wenn Sie Angst haben, dass Ihre Oma in drei Jahren nicht mehr zahlt, können Sie diesen Zinssatz noch um einen individuellen Schmerz- und Risikozuschlag erhöhen. Mit diesem individuellen Diskontsatz werden Ihre 4000 € in drei Jahren *diskontiert*. Man sieht, dass der Diskontfaktor umso kleiner wird, Sie also umso stärker diskontieren, je größer der Diskontsatz $i$ ist (als Maß für hohen Zinssatz oder hohes Risiko) und je größer $t$ ist (je länger Sie also auf Omas Geld warten müssen). Zum Beispiel bei $i = 0,05$ (also 5 %) erhalten Sie aber

$$K(0) = \frac{K(t)}{(1+i)^t} = \frac{4000}{1,05^3} = 3455,35 \text{ €} \qquad (5.7)$$

und entscheiden sich, drei Jahre zu warten.

Diese Barwert-Formel ist wiederum die Basis sehr vieler weiterführender Überlegungen in den Wirtschaftswissenschaften. Nehmen wir an (kein Wunder bei solchen Omas), Sie haben etwas Geld und suchen die geeignete Anlage, um in fünf Jahren, nach Ihrem Studium, etwas Großes zu kaufen. Diese Anlagen unterscheiden sich aber hinsichtlich ihrer Erträge (Dividenden, Gewinnbeteiligungen, Rückzahlungen etc.) während dieser fünf Jahre. Außerdem können auch Kosten (etwa Gebühren) und der Kaufpreis der Anlage zu bezahlen sein. Zur Vereinfachung ziehen wir Kosten und Kaufpreis der jeweiligen Periode von den Erträgen ab und nennen die sich als Differenz ergebenden Nettoerträge kurz $D(t)$. Durch die Subtraktion des Kaufpreises wird die erste Differenz dann wahrscheinlich negativ. Wegen der Vielfalt dieser Nettoerträge haben Sie überhaupt keine Ahnung, was Sie nun machen sollen. Außerdem haben Sie das Gefühl, dass Ihr Bankberater mehr die Gewinne seiner Bank als Ihr Wohl im Auge hat.

Was nun? Ganz einfach: Sie haben eben nicht nur eingesehen, dass 4000 € heute besser als 4000 € in fünf Jahren sind. Sie haben auch die Barwert-Formel kennengelernt, mit der Sie den heutigen Wert zukünftiger Zahlungen ermitteln können. Also verallgemeinern Sie den Barwert-Gedanken auf Zahlungsströme aus mehreren

## Der Nutzen einer Formel

Perioden. Dazu bilden Sie (unter der vereinfachenden Annahme, dass alle Zahlungen und Kosten immer am Jahresende entstehen) die folgende Summe der Einzelwerte der diskontierten zukünftigen erwarteten Nettoerträge in den Jahren $t = 0, 1, \ldots, 5$:

$$P = D(0) + \frac{D(1)}{1+i} + \ldots + \frac{D(5)}{(1+i)^5}. \tag{5.8}$$

Dabei ist $P$ der Barwert oder *Nettogegenwartswert* der jeweiligen Anlage. Das Wort ‚Netto' kommt hinzu, weil Sie die Kosten und den Kaufpreis von den Erträgen abgezogen haben. Dieses $P$ berechnen Sie für alle Anlageformen und finden die beste Anlage als diejenige mit maximalem $P$ – sofern nur Erträge und Kosten in Ihre Entscheidung einfließen sollen.

Dieses Prinzip des Nettogegenwartswerts – Sie ahnen es schon – findet wiederum breite Anwendung auf zahlreiche wirtschaftswissenschaftliche Fragen. Ein Beispiel von vielen? In der Arbeits- und Bildungsökonomie wird ökonomisch begründet, ob es sich für jemanden wie Sie lohnt, ein Studium aufzunehmen, statt nach dem Abitur sofort ins Berufsleben einzusteigen. Im Alter von 18 Jahren zu entscheiden, ob man studiert oder nicht, ist eine Entscheidung unter großer Unsicherheit, denn man muss für diese beiden Varianten überlegen, welche Konsequenzen sich daraus in den nächsten fast 50 Jahren ergeben können. Daher ist es ein großes Glück, dass Sie sich für Wirtschaftswissenschaften interessieren, denn *Entscheidungen unter Unsicherheit* sind ein Spezialgebiet der Ökonomie. Es ist ein ebenso großes Glück, dass Sie dieses Buch lesen und damit in den bisherigen Kapiteln schon den großen Nutzen einfacher Modelle kennen gelernt haben.

Tragen wir also einmal zusammen, was die wesentlichen ökonomischen Erklärungsgrößen einer solchen Entscheidung sein können. Typische Verdächtige sind in der Ökonomie dafür immer Erträge, Kosten und Risiken. Das einfachste sind meist die Erträge: Höhere Bildungswege bringen im Mittel zunächst einmal deutlich länger und steiler wachsende Einkommen. Dazu kommen nebenbei im Mittel ein geringeres Arbeitslosigkeitsrisiko (darum kümmern wir uns gleich) und schwerer messbare Vorteile wie ein höherer Status in der Hierarchie einer Firma oder Gesellschaft, bessere Arbeitsbedingungen, besserer Gesundheitszustand und im Alter eine höhere Rente. Beschränken wir uns im Folgenden auf die relativ gut schätzbaren erwarteten Einkommen $E(t)$ in den nächsten Jahren.

Welche Kosten entstehen bei einem Studium? Jeder denkt dabei zunächst an die direkten Kosten für die Lebenshaltung, für Reisen zum Studienort, für Lernmaterial oder auch für Studiengebühren. Viel schlimmer sind aber die – gerne vergessenen – sogenannten indirekten Kosten, die hier aus den entgangenen Einkommen bestehen. Während Ihre ehemaligen Mitschüler nämlich direkt nach dem Abitur in ihrem neuen Job schon fleißig Geld verdienen, sitzen Sie zum Beispiel in der Mathe-Vorlesung und verdienen dort – gar nichts. Fünf Jahre lang *nichts* zu verdienen ist ganz schön teuer. Zum einen lernen Sie aber in den Vorlesungen unter anderem, dass man die indirekten Kosten eben nicht vergessen darf, und zum anderen kann man alle Kosten durch Kindergeld, BAföG, Stipendien, Studentenermäßigungen, Nebentätigkeiten oder Geld von den Eltern (oder Omas) senken. Was an Kosten in diesen Jahren wahrscheinlich übrig bleibt, schätzen wir ab und nennen es $K(t)$.

Der unangenehme Teil bei solchen Entscheidungen unter Unsicherheit sind immer die Risiken. Es ist leider so (und das wirklich nicht nur wegen der Mathematik-Klausur), dass manche Studierende ihr Studium ohne Abschluss beenden. Es kann sein, dass einige trotz Spitzenabschluss eine Weile erfolglos einen Job suchen, einen nur schlecht zu ihrer Ausbildung passenden Job annehmen müssen oder später einmal arbeitslos werden. Dadurch können sich natürlich die Ertragserwartungen als großer Irrtum herausstellen. Auch sonst können die Kosten höher oder die Einkommen geringer als erwartet ausfallen (das Gegenteil ist leider seltener).

All diese Risiken müssen von Ihnen (oder Ihren Eltern) getragen werden. Wenn Ihre Eltern reich sind und Sie sowieso später die elterliche Firma übernehmen, sehen Sie diese Risiken wahrscheinlich deutlich lockerer als jemand, der aus einem ärmeren Haushalt stammt. Für jemanden ohne diesen familiäre Absicherung wäre das Risiko, etwa einen Studienkredit (den reichere gar nicht brauchen) nicht zurückzahlen zu können, viel größer. Ärmere sind also weniger risikofreudig. Diese Risikofreude soll wieder der aus Formel (5.5) schon bekannte individuelle Diskontsatz $i$ aufnehmen (immer die gleichen Tricks).

Nun ziehen wir wieder Jahr für Jahr von den erwarteten Erträgen $E(t)$ die erwarteten Kosten $K(t)$ ab und erhalten die Nettoerträge

$$D(t) = E(t) - K(t), \qquad (5.9)$$

die bei einem Studium in den ersten Jahren natürlich wegen der indirekten Kosten negativ sein werden. Nachdem Sie Ihre ehemaligen Mitschüler, die nicht studiert haben, überholt haben, sieht die Sache allerdings viel positiver aus. Weil dieser Überholvorgang aber leider ein bisschen dauert, müssen diese Nettoerträge – wie in der Barwert-Formel (5.5) – mit dem individuellen Diskontsatz $i$ gewichtet werden, denn 20 000 € Minus in diesem Jahr wird leider durch 20 000 € Plus in zehn Jahren nicht ausgeglichen. So erhält man, analog zu (5.8), mit

$$P = D(0) + \frac{D(1)}{1+i} + \ldots + \frac{D(T)}{(1+i)^T} \qquad (5.10)$$

den Nettogegenwartswert $P$ für die Bildungsweg-Alternativen. Dabei machen Sie im Jahr $t = 0$ das Abitur (das ist nahe) und gehen im Jahr $T$ in Rente (das dauert noch ein bisschen). Wieder führt natürlich ein höherer Diskontsatz $i$ zu einem niedrigeren Barwert. Nach dem Vergleich der Nettogegenwartswerte $P$ für die Bildungsweg-Alternativen können Sie dann sagen, welche Alternative rein ökonomisch sinnvoller ist.

Fehlt nicht ganz viel Wesentliches in dem Modell? Ihre beste Freundin träumt seit Jahren davon, selbst Kleider zu entwerfen. Sie will Designerin werden, egal wie schlecht die Einkommensaussichten dort sind. Beim Gebrauch des Modells setzen wir natürlich voraus, dass Neigungen und Fähigkeiten für die betrachteten Alternativen vorhanden sind, dass diese also wirklich in Frage kommen. Wenn Sie schon beim Betreten eines Hafens grün anlaufen, wird Ihnen das Modell nicht sagen können, dass Sie besser nicht die Kapitänslaufbahn einschlagen sollten. Wenn Ihnen die Juristenkarriere schon in die Wiege gelegt wurde, um später die väterliche Kanzlei zu übernehmen, kann das Modell das natürlich auch nicht vorhersehen.

Gut, aber außerdem sind Sie doch viel schlauer und besser als dieser A. aus der Parallelklasse. Bis er sein Studium endlich geschafft hat, sind Sie doch schon auf dem Weg zur ersten Million! Wo taucht das im Modell auf? Mit dem Nettogegenwartswert kann man mehr erklären, als man glaubt, denn dieser Effekt ist enthalten, in diesem Fall in den indirekten Kosten. Diese werden nämlich ganz entscheidend von den individuellen Fähigkeiten bestimmt. Wenn Spitzenstudierende wie Sie vielleicht zehn Semester bis zum Master benötigen, mittelmäßige Studierende dagegen vierzehn Semester, bedeutet das für letztere viel höhere indirekte Kosten (zwei Jahre weniger Lebenseinkommen). Außerdem dürften diese ein höheres Versagensrisiko, also bei gleichen finanziellen Bedingungen einen höheren individuellen Diskontsatz haben. Beides wird für A. ein Studium vielleicht schon unrentabel werden lassen – wenn er richtig rechnet und sich nicht in die eigene Tasche lügt.

Ihr bester Freund will partout nicht studieren. Der will sofort schnell Geld verdienen und möglichst viel Freizeit und Spaß haben, so lange er noch jung ist. Auch das ist im Modell enthalten, und zwar wieder im individuellen Diskontsatz. Hier fließt die sogenannte *individuelle intertemporale Nutzenabwägung* (das ist ein toller Begriff, nicht wahr?) ein, also der Schmerz, auf mehr Geld noch länger warten zu müssen. Wer um jeden Preis jetzigen Konsum späterem Konsum vorzieht und wer möglichst viel Freizeit in jungen Jahren will, der wird einen hohen individuellen Diskontsatz haben und sich deswegen nicht für ein Studium entscheiden.

Sie sehen, dass diese kleine Formel (5.10) doch eine ganze Reihe wesentlicher Aspekte der Entscheidung für den optimalen Bildungsweg enthält. Sie haben auch gesehen, wie aus der Formel zur Kapitalverzinsung der Barwert beziehungsweise Nettogegenwartswert als vielfältig einsetzbares Kriterium bei der Auswahl von Geldanlagen, alternativen Bildungswegen und vielen anderen Entscheidungen unter Unsicherheit von Individuen, Firmen oder Regierungen wird. Dabei wird natürlich gerechnet. Es reicht aber nicht, eine Formelsammlung und einen PC zu besitzen, sondern man muss die Formeln auch verstanden haben, um sie auf Fragen wie die nach dem optimalen Bildungsweg anwenden zu können. Und versuchen Sie einmal, diese letzte Frage ohne dieses Konzept angemessen (also unter Berücksichtigung von Erträgen, Kosten und Risiken) zu lösen. Das ist der Nutzen einer vielseitig einsetzbaren Formel, die man verstanden hat.

# Kapitel 6

# Wie man Modelle vereinfacht

In den letzten Kapiteln haben Sie erfahren, dass man in der Wirtschaftswissenschaft immer nach möglichst großer Einfachheit strebt (wenn der Preis dafür nicht zu große Ungenauigkeit Ihres Modells ist), dass aber leider viele Funktionen nicht-linear sind, ihr Graph also (bei einer erklärenden Variablen) keine Gerade ist. Doch die gute Nachricht ist: Man kommt ziemlich oft dahin zurück. Man braucht nur etwas Mathematik. Prinzipiell gibt es dafür zwei wichtige Wege. Der eine ist Näherung über Tangenten, also mittels Ableitung, der andere – und jetzt müssen Sie wirklich ganz tapfer sein – ist der Logarithmus.

Der Logarithmus wird an Gymnasien oft ziemlich stiefmütterlich behandelt. Ich nerve die armen Zuhörer im ersten Semester regelmäßig mit Fragen danach, ob sie gewisse mathematische Verfahren schon bzw. noch kennen und ob sie auch wissen, wozu man diese benötigt. Beim Logarithmus ist das Ergebnis immer niederschmetternd. Zahlreiche Studierende schwören, den Logarithmus noch nie gesehen zu haben oder können sich daran absolut nicht mehr erinnern. Und fast alle, die ihn schon einmal gesehen haben und sich noch erinnern können, wollen ihn nie mehr wiedersehen. Zusätzlich sagen jedes Mal einige Studierende, dass ihre Lehrerinnen oder Lehrer – großes Indianer-Ehrenwort – gesagt haben, dass sie den Logarithmus später sowieso nie mehr brauchen.

Ich weiß, dass viele Mathematik-LehrerInnen ihr Bestes geben, aber bei solchen Zitaten hätte ich schon Lust, diese Lehrerinnen oder Lehrer in meine Vorlesung zu zitieren, damit sie endlich begreifen, wie wichtig der Logarithmus immer noch ist, obwohl Rechenschieber erfreulicherweise nicht mehr gebraucht werden. Die wichtigsten ökonomischen Funktionen sind nämlich Polynome, Potenzfunktionen, Wurzelfunktionen, Hyperbelfunktionen, Exponentialfunktionen und Logarithmusfunktionen. Polynome treten zum Beispiel als Kostenfunktionen (siehe Kap. 7) auf, mit denen man die Kosten der Produktion eines Gutes (wie Schokolade) in Abhängigkeit der produzierten Menge beschreibt. Potenzfunktionen, Wurzelfunktionen und Hyperbelfunktionen haben Sie in Kap. 4 schon kennen gelernt, Exponentialfunktionen in Kap. 5. Logarithmusfunktionen sind unter anderem wichtig, weil man mit ihrer Hilfe Ausdrücke, in denen Exponentialfunktionen, Potenzfunktionen, Wurzelfunktionen und Hyperbelfunktionen vorkommen, vereinfachen kann und weil sie die Lösung komplizierter Optimierungsaufgaben erleichtern.

Da ich also nicht annehmen darf, dass die Logarithmusfunktion allen Leserinnen und Lesern vertraut ist, führen wir sie erst einmal gründlich ein. Sie lesen brav weiter und, wenn es einmal hakt, lesen Sie noch einmal. Und wenn es gar nicht geht, dann fragen Sie Ihre LehrerInnen. Sagen Sie, dass der Jensen gesagt hat, dass Sie das

## Wie man Modelle vereinfacht

unbedingt brauchen. Denn Sie wollen etwas lernen. Sie werden aber sehen: Es tut gar nicht weh.

Am Anfang steht die Exponentialfunktion, die Sie im letzten Kapitel bei der Kapitalverzinsung gesehen haben. Die (allgemeine) *Exponentialfunktion* zur Basis $a > 0$ mit $a \neq 1$ ist die Funktion

$$f(x) = a^x \qquad (6.1)$$

mit $x \in \mathbb{R}$. Bekannte Beispiele sind $2^x$, $10^x$ oder $e^x$ (mit der Eulerschen Zahl $e \approx 2{,}718$). Die Rechenregeln für die Exponentialfunktion sind die bekannten Potenzregeln, weil in (6.1) eine Potenz steht, auch wenn die Variable im Exponenten steht. Falls Ihnen diese Potenzregeln zufällig gerade entfallen sein sollten: Hier sind die drei, die Sie gleich brauchen werden (mit gleichen Bedingungen wie oben und $y \in \mathbb{R}$):

$$a^x \cdot a^y = a^{x+y}, \qquad (6.2)$$

$$\frac{a^x}{a^y} = a^{x-y} \quad \text{mit} \quad a \neq 0, \qquad (6.3)$$

$$(a^x)^y = a^{x \cdot y}. \qquad (6.4)$$

Die *Logarithmusfunktion* zur Basis $a$ (mit gleichen Bedingungen wie oben) wird als Umkehrfunktion zur Exponentialfunktion der gleichen Basis $a$ eingeführt. So ist der Logarithmus zur Basis $a$ von $y > 0$

$$g(y) = \log_a(y) \qquad (6.5)$$

die Zahl, mit der man $a$ potenzieren muss, um $y$ zu erhalten. Wenn man nun Exponentialfunktion und Logarithmusfunktion nacheinander anwendet, dann geschieht das, was Sie von der Potenzfunktion und der Wurzelfunktion kennen: sie heben sich auf, in

$$\sqrt{x^2} = (\sqrt{x})^2 = x \qquad (6.6)$$

oder in

$$\sqrt[3]{x^3} = (\sqrt[3]{x})^3 = x \qquad (6.7)$$

und auch in

$$a^{\log_a(y)} = \log_a(a^y) = y. \qquad (6.8)$$

Ich ahne schon, Sie möchten lieber ein Beispiel. Bitte: Der Logarithmus zur Basis zehn von 100 ist $\log_{10}(100) = 2$, denn $10^2 = 100$ und – siehe da –

$$10^{\log_{10}(100)} = 10^2 = 100. \qquad (6.9)$$

Die Funktionen $10^x$ und $\log_{10}(y)$ haben sich also aufgehoben, wodurch das ziemlich überzeugende $100 = 100$ übrig bleibt. Noch einfacher ist die andere Funktionsreihenfolge

$$\log_{10}(10^2) = 2, \qquad (6.10)$$

wobei ich jetzt schnell die 100 gegen zwei ausgetauscht habe, damit die Zahlen klein bleiben. Denn der Logarithmus zur Basis zehn von $10^2 = 100$ ist die Zahl, mit der Sie zehn potenzieren müssen, um auf $10^2 = 100$ zu kommen, also zwei. Wieder haben sich die Funktionen $10^x$ und $\log_{10}(y)$ aufgehoben, worauf das ebenso überzeugende 2 = 2 übrig bleibt. Nebenbei kann man auch gut sehen, warum das sogenannte Argument der Logarithmusfunktion $y$ größer null sein muss. Weil die Exponentialfunktion nämlich nur Funktionswerte $f(x) = a^x > 0$ hat, kann man nicht zum Beispiel den Ausdruck $\log_{10}(-1)$ bilden, denn die Potenz $x$, die $10^x = -1$ löst, muss noch erfunden werden. Versuchen Sie es gar nicht erst – die gibt es nicht.

Genauso ist der Logarithmus zur Basis zwei von acht also $\log_2(8)$ gleich drei, denn $2^3 = 8$ und – siehe da –

$$2^{\log_2(8)} = 8 \quad \text{und} \quad \log_2(2^3) = 3. \tag{6.11}$$

Die Funktionen $2^x$ und $\log_2(y)$ haben sich auch aufgehoben. Das war doch gar nicht so schwer, oder?

Weil die Exponentialfunktionen $2^x$, $10^x$ und $e^x$ die wichtigsten sind, sind natürlich auch deren Umkehrfunktionen die wichtigsten Logarithmusfunktionen. Darum bekommen diese auch eigene Abkürzungen:

$$\log_e(x) = \ln(x), \tag{6.12}$$

$$\log_{10}(x) = \lg(x), \tag{6.13}$$

$$\log_2(x) = \operatorname{ld}(x). \tag{6.14}$$

Eine besonders wichtige Logarithmusfunktion ist übrigens die sogenannte *natürliche Logarithmusfunktion* (6.12), daher auch die Abkürzung *ln* für das lateinische *Logarithmus naturalis*. Das ist die Logarithmusfunktion zur Basis $e$ (siehe (6.1)), also die Umkehrfunktion zur Exponentialfunktion mit gleicher Basis.

Wie Sie eben gesehen haben, gilt für jede Basis wegen der Umkehrfunktionseigenschaft (mit Bedingungen wie in (6.1)) die nützliche Beziehung

$$x = \ln(e^x) = \mathrm{ld}(2^x) = \lg(10^x) = \log_a(a^x) \qquad (6.15)$$

und mit $x > 0$

$$x = e^{\ln(x)} = 2^{\mathrm{ld}(x)} = 10^{\lg(x)} = a^{\log_a(x)}. \qquad (6.16)$$

Damit all das Gelernte nicht nur angelesen ist und daher gleich wieder in den grauen Zellen versinkt, folgen nun vier Rechenbeispiele, die Sie bitte jetzt sofort lösen, und zwar *ohne* Taschenrechner:

$$\lg(1000) = \qquad (6.17)$$

$$\lg(0,001) = \qquad (6.18)$$

$$\mathrm{ld}(16) = \qquad (6.19)$$

$$\mathrm{ld}(0,25) = \qquad (6.20)$$

Die richtigen Lösungen finden Sie übrigens am Kapitelende. Aber – Finger weg! – erst selbst rechnen und prüfen, denn nur selbst rechnen macht schlau. Da man mit $e$ schlecht kopfrechnen kann, haben Sie diesen Fall in den Rechenbeispielen übrigens nicht gesehen, obwohl er der wichtigste ist.

Zum Rechnen braucht man dann nur noch folgende drei Logarithmusregeln. Diese kann man aus den Potenzregeln (für die Exponentialfunktion) und der Umkehrfunktionseigenschaft herleiten. Weil die Regeln so wichtig sind und das an den Schulen vielleicht keiner mehr macht, folgen nun die Regeln mitsamt Herleitung für den wichtigsten, also den natürlichen Logarithmus (für jede andere Basis funktioniert alles entsprechend). Für $x > 0$, $y > 0$ gilt erstens

$$\ln(x \cdot y) = \ln(x) + \ln(y), \tag{6.21}$$

denn wegen Potenzregel (6.2) und Regel (6.16) gilt

$$e^{\ln(x)+\ln(y)} = e^{\ln(x)} \cdot e^{\ln(y)} = x \cdot y = e^{\ln(x \cdot y)}. \tag{6.22}$$

Wenn Sie nun beide Seiten der Gleichung

$$e^{\ln(x)+\ln(y)} = e^{\ln(x \cdot y)} \tag{6.23}$$

(natürlich) logarithmieren, heben sich wegen (6.15) Exponentialfunktion und Logarithmusfunktion auf und (6.21) bleibt übrig und ist damit gezeigt.

Viele SchülerInnen und Studierende haben große Schwierigkeiten mit solchen Umformungen von Gleichungen. Gleichungen heißen Gleichungen, weil auf beiden Seiten das Gleiche steht. Deswegen dürfen Sie diese Gleichungen auch auf alle mögliche Arten umformen, solange diese Umformungen definiert sind und Sie diese Umformungen (wie hier Potenzierung und Logarithmierung) auf beide *vollständigen* Gleichungsseiten (also nicht auf die einzelnen

Terme) anwenden. Dann bleibt die Gleichung richtig.

Dann kommen wir zur zweiten wichtigen Logarithmusregel:

$$\ln\left(\frac{x}{y}\right) = \ln(x) - \ln(y). \tag{6.24}$$

Wegen Potenzregel (6.3) und Regel (6.16) gilt:

$$e^{\ln(x)-\ln(y)} = \frac{e^{\ln(x)}}{e^{\ln(y)}} = \frac{x}{y} = e^{\ln(x/y)}. \tag{6.25}$$

Wenn Sie wieder beide Seiten der Gleichung

$$e^{\ln(x)-\ln(y)} = e^{\ln(x/y)} \tag{6.26}$$

(natürlich) logarithmieren, heben sich wegen (6.15) Exponentialfunktion und Logarithmusfunktion auf und (6.24) bleibt übrig und ist damit gezeigt (immer die gleichen Tricks).

Nun sind Sie bereit für die dritte und letzte Logarithmusregel

$$\ln(x^b) = b \cdot \ln(x) \tag{6.27}$$

mit $b \in \mathbb{R}$. Sie ahnen bestimmt schon, was kommt: Wegen Potenzregel (6.4) und Regel (6.16) gilt

$$e^{b \cdot \ln(x)} = (e^{\ln(x)})^b = x^b = e^{\ln(x^b)}. \tag{6.28}$$

Wieder werden beide Seiten der Gleichung

$$e^{b \cdot \ln(x)} = e^{\ln(x^b)} \tag{6.29}$$

(natürlich) logarithmiert, woraufsich wegen (6.15) Exponentialfunktion und Logarithmusfunktion aufheben, (6.27) übrig bleibt und damit gezeigt ist (wirklich immer die gleichen Tricks).

An den drei sehr wichtigen Logarithmusregeln (6.21), (6.24) und (6.27) kann man schon ein bisschen sehen, warum diese so nützlich sind: Durch Logarithmierung vereinfachen sich nämlich einige Rechenoperationen. Aus der Multplikation von Variablen wird die Addition logarithmierter Variablen, aus der Division von Variablen wird die Subtraktion logarithmierter Variablen und aus der Potenzierung wird durch Logarithmierung die Multiplikation. Damit lassen sich viele komplizierte Produkte, Brüche und Potenzausdrücke vereinfachen.

Wichtig ist auch zu wissen, dass es für $\ln(x+y)$, $\ln(x-y)$, $\ln(x) \cdot \ln(y)$ oder $\ln(x)/\ln(y)$ keine derart allgemeinen und einfachen Rechenregeln gibt. Die Nummer eins der Hitliste der gescheiterten Versuche ist der erste Term. Viele Studierende glauben, dass es die Regel

$$\ln(x+y) \stackrel{?}{=} \ln(x) + \ln(y) \qquad (6.30)$$

gibt. Leider gilt jedoch im Allgemeinen, außer in glücklichen Spezialfällen,

$$\ln(x+y) \neq \ln(x) + \ln(y). \qquad (6.31)$$

Mathematische allgemeine Gleichungen handeln selten von glücklichen Spezialfällen.

Abb. 6: Exponentialfunktion

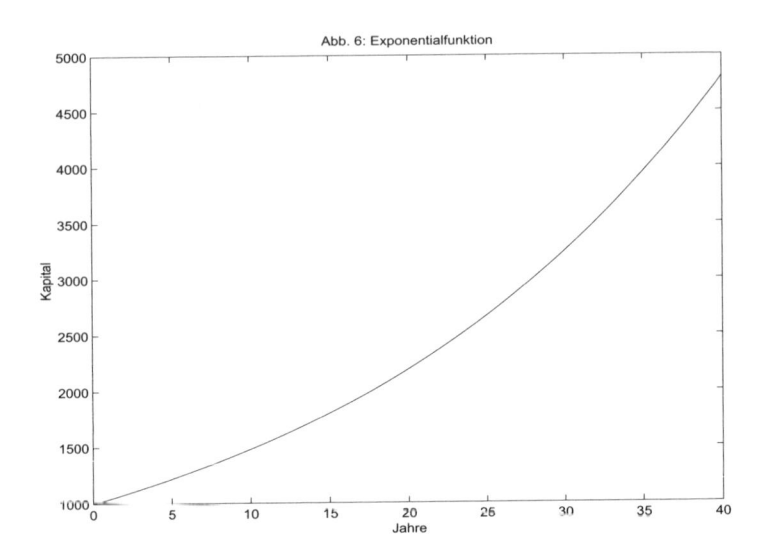

Nun wollen wir sehen, wie die Logarithmusfunktion zur Modellvereinfachung eingesetzt werden kann. Sie erinnern sich bestimmt an das Beispiel (5.1) zur Kapitalverzinsung mit dem Startkapital von $K(0) = 1000$ €, jährlicher Verzinsung mit dem Zinssatz $i = 0,04$ (oder $4\,\%$) und $t = 40$ Jahren:

$$K(t) = K_0 \cdot (1+i)^t = 1000 \cdot 1,04^{40} = 4801,02\,\text{€}. \qquad (6.32)$$

Der Graph der Exponentialfunktion ist noch einmal in Abbildung 6 zu sehen.

Nun logarithmieren wir in der Exponentialfunktionsgleichung (6.32) einfach beide Seiten. Das dürfen wir, weil beide Seiten positiv sind und wir die beiden vollständigen Seiten der Gleichung umformen. Dann wird daraus

$$\ln(K(t)) = \ln(K_0 \cdot (1+i)^t). \tag{6.33}$$

Wenn wir dann noch die rechte Gleichungsseite gemäß Logarithmusregel (6.21) umformen, erhalten wir erst

$$\ln(K(t)) = \ln(K_0) + \ln((1+i)^t)) \tag{6.34}$$

und schließlich mit Regel (6.27)

$$\ln(K(t)) = \ln(K_0) + \ln(1+i) \cdot t. \tag{6.35}$$

Das ist eine Geradengleichung mit der Grafik in Abbildung 7. Wenn man zum besseren Verständnis

$$Z(t) = \ln(K(t)) \tag{6.36}$$

und

$$a = \ln(K_0) \quad \text{sowie} \quad b = \ln(1+i) \tag{6.37}$$

setzt, erhält man die vertrautere Form der Geradengleichung

$$Z(t) = a + b \cdot t. \tag{6.38}$$

Abb. 7: Linearisierte Exponentialfunktion

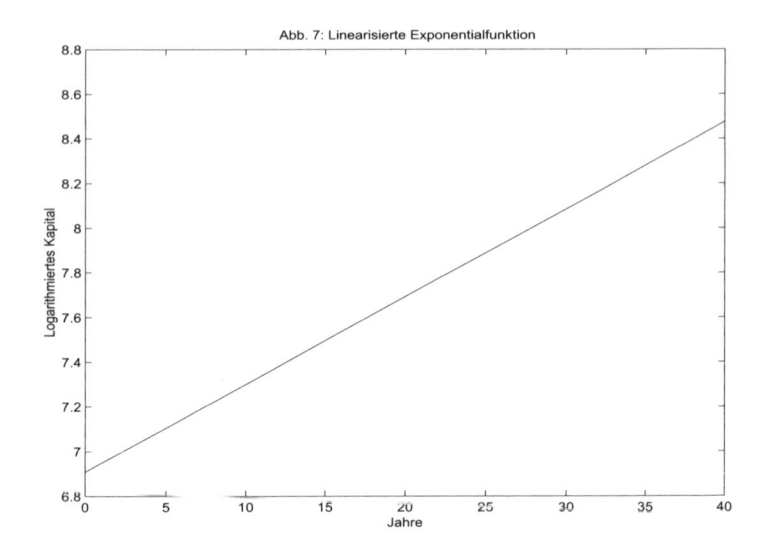

Warum geht das so einfach? Das geht, weil wir die Skala der senkrechten Achse ausgetauscht haben. Indem wir nun das Kapital auf einer logarithmischen Skala messen, gleichen wir genau das aus, was das exponentiell mit der Zeit wachsende Kapital tut (da, wie gesagt, Logarithmusfunktionen die Umkehrfunktionen der Exponentialfunktionen sind). Das Kapital wächst (absolut) umso schneller, je größer es ist. Wenn wir aber das Kapital logarithmieren, wächst das logarithmierte Kapital (absolut) umso langsamer, je größer es ist. Abbildung 8 zeigt anhand der Logarithmusfunktion, wie klein die Werte des Kapitals durch Logarithmierung werden. Die logarithmierten Kapitalwerte finden Sie nun in Abbildung 7 auf der senkrechten Achse statt der Originalwerte

# Wie man Modelle vereinfacht

in Abbildung 6. Diese beiden Effekte (exponentielles Wachstum des Kapitals und Logarithmierung) heben sich genau auf.

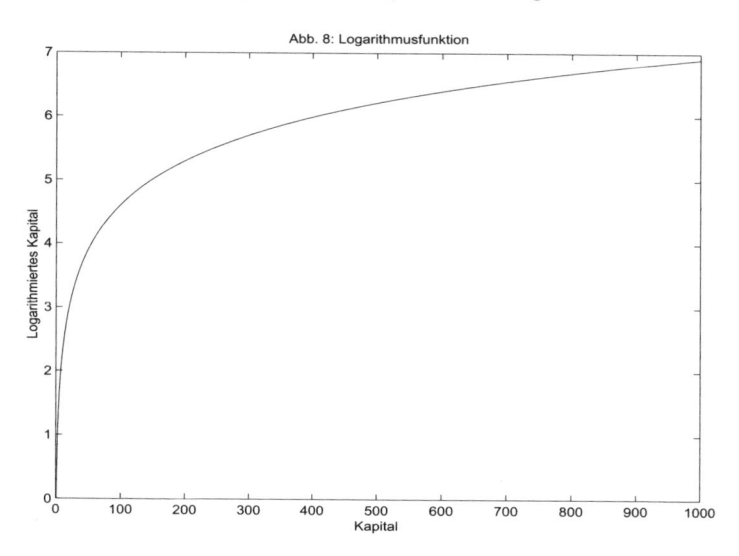

**Abb. 8: Logarithmusfunktion**

Gelingt dieser Trick auch bei anderen Funktionen? Ja! Nehmen wir die Potenz- bzw. Wurzelfunktion

$$x^N = b_0 \cdot y^{b_1} \qquad (6.39)$$

mit $b_0 > 0$ und $0 < b_1 < 1$ aus Gleichung (4.1) in Kapitel 4 und logarithmieren diese auch auf beiden Seiten. Dann erhalten wir erst

$$\ln(x^N) = \ln(b_0 \cdot y^{b_1}), \qquad (6.40)$$

danach mit Regel (6.21)

$$\ln(x^N) = \ln(b_0) + \ln(y^{b_1}) \tag{6.41}$$

und schließlich mit Regel (6.27)

$$\ln(x^N) = \ln(b_0) + b_1 \cdot \ln(y). \tag{6.42}$$

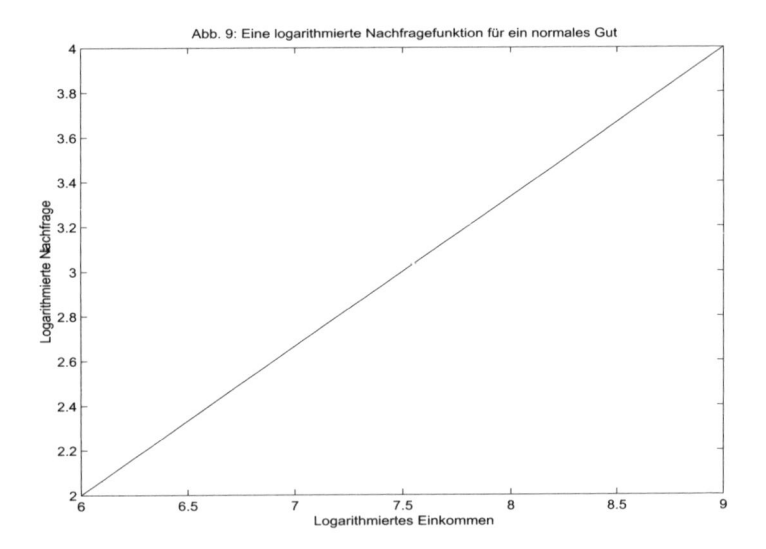

Abb. 9: Eine logarithmierte Nachfragefunktion für ein normales Gut

Gleichung (6.42) ist eine Geradengleichung in den logarithmierten Variablen mit der Grafik in Abbildung 9, was Sie wieder mit den Substitutionen

$$z = \ln(x^N) \quad \text{und} \quad w = \ln(y) \tag{6.43}$$

sowie
$$a = \ln(b_0) \tag{6.44}$$
in
$$z = a + b_1 \cdot w \tag{6.45}$$
noch einfacher sehen.

Das gleiche machen wir nun noch einmal bei der Nachfragefunktion für die billige Schokoladensorte, also bei der hyperbolischen Funktionsgleichung aus Gleichung (4.4) in Kapitel 4

$$x^N = \frac{b_0}{y^{b_1}} = b_0 \cdot y^{-b_1} \tag{6.46}$$

mit $b_0 > 0$ und $0 < b_1 < 1$. Wieder erhalten wir erst

$$\ln(x^N) = \ln(b_0 \cdot y^{-b_1}), \tag{6.47}$$

danach mit Regel (6.21)

$$\ln(x^N) = \ln(b_0) + \ln(y^{-b_1}) \tag{6.48}$$

und schließlich mit Regel (6.27)

$$\ln(x^N) = \ln(b_0) - b_1 \cdot \ln(y). \tag{6.49}$$

Das ist wieder eine Geradengleichung in den logarithmierten Variablen mit der Grafik in Abbildung 10. Auch das lässt sich mit den Substitutionen

$$z = \ln(x^N) \quad \text{und} \quad w = \ln(y) \qquad (6.50)$$

sowie

$$a = \ln(b_0) \qquad (6.51)$$

in

$$z = a - b_1 \cdot w \qquad (6.52)$$

noch einfacher verstehen.

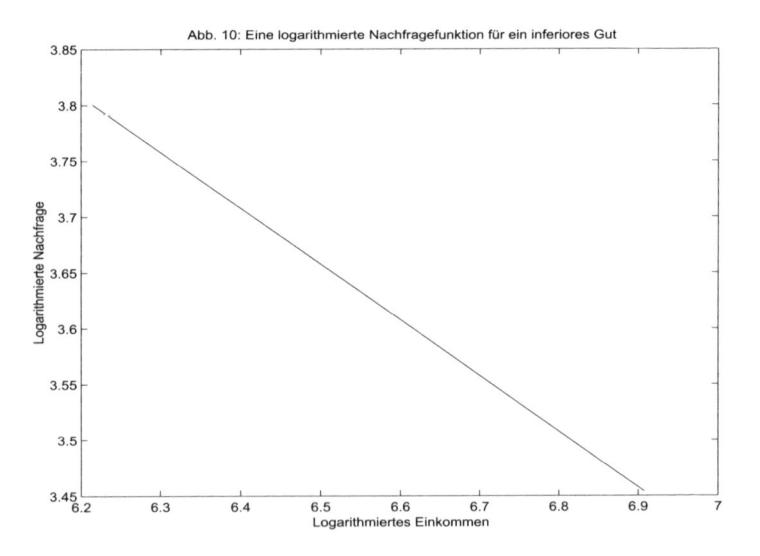

Abb. 10: Eine logarithmierte Nachfragefunktion für ein inferiores Gut

Man sieht also, wie ökonomische Modelle mit vielen wichtigen Funktionen (wie Exponentialfunktionen, Potenzfunktionen,

Wurzelfunktionen und Hyperbelfunktionen) durch Logarithmierung vereinfacht werden. Weil das so ist, werden viele Funktionen in wirtschaftswissenschaftlichen Vorlesungen und Büchern logarithmiert. Wer das nicht versteht, der hat ein Problem, bei dem auch Taschenrechner und PC nicht helfen, weil hier keine Berechnungen, sondern theoretisches Verständnis erforderlich ist. Daher muss vorher – an den Schulen – geübt werden.

Darum also der dringende Aufruf an die Lehrerinnen und Lehrer: Retten Sie den Logarithmus! Und der dringende Aufruf an die Schülerinnen und Schüler: Machen Sie mit! Denn nun wissen Sie hoffentlich, warum. Wer noch Material zum Üben möchte, bekommt in Kapitel 11 Quellen genannt.

Zum Abschluss folgen die versprochenen Lösungen zu den Rechenaufgaben (6.14) bis (6.20), die Sie nun nachprüfen dürfen, wenn Sie wirklich – großes Indianerehrenwort – vorher selbst gerechnet haben:

$$\lg(1000) = 3, \quad \text{denn} \quad 10^3 = 1000, \tag{6.53}$$

$$\lg(0,001) = -3, \quad \text{denn} \quad 10^{-3} = \frac{1}{1000}, \tag{6.54}$$

$$\text{ld}(16) = 4, \quad \text{denn} \quad 2^4 = 16, \tag{6.55}$$

$$\text{ld}(0,25) = -2, \quad \text{denn} \quad 2^{-2} = \frac{1}{4}. \tag{6.56}$$

# Kapitel 7

# Änderungen von Funktionswerten

Im letzten Kapitel haben Sie erfahren, wie man mit dem Logarithmus viele wichtige wirtschaftswissenschaftliche Funktionen vereinfachen kann. In diesem Kapitel werden Sie erfahren, warum Ökonomen sich so sehr für die Änderungen von Funktionswerten interessieren und wie man diese vereinfacht untersuchen kann. Mathematisch geht es dabei um Ableitungen, die in diesem Buch auf jeden Fall noch vorgestellt werden sollten, weil ohne gründliche Kenntnisse von Ableitungen ein Studium der Wirtschaftswissenschaft völlig unmöglich ist.

Ableitungen werden unter anderem für die Lösung von Optimierungsaufgaben gebraucht, einem zentralen Arbeitsbereich von Ökonomen. Optimierungsaufgaben (zum Beispiel die Minimierung der Kosten eines Betriebes) löst man – das wissen Sie aus der Schule –, indem man die Kostenfunktion ableitet, null setzt und nach der Variablen auflöst. Die Optimierungsaufgaben werden aber im Studium etwas reichhaltiger, weil meistens noch Nebenbedingungen hinzukommen.

# Änderungen von Funktionswerten

Die Kosten sollte man nämlich nicht einfach beliebig senken, denn wenn Sie als verantwortliche Mitarbeiterin oder verantwortlicher Mitarbeiter der Betriebsleitung vorschlagen, die Kosten auf 0 € zu senken (das ist doch ein wirkliches Minimum, nicht wahr?), indem der Betrieb gar nichts herstellt, dann sind Sie Ihren Job – wie der Kollege aus Kapitel 2 – auch los. Sie sollten nämlich noch beachten, welche Menge an zum Beispiel Schokolade und wie (mit welchen Maschinen und Arbeitskräften) diese hergestellt werden soll. Mit der theoretischen Betrachtung und praktischen Lösung derartiger Optimierungsaufgaben unter Nebenbedingungen werden Sie ganze Vorlesungen verbringen, weil dieses Problem (*optimale Entscheidungen angesichts knapper Ressourcen*) derart universell und wichtig ist. Es geht also darum, bestimmte Ziele mit möglichst wenig Mitteln zu erreichen oder mit gegebenen Mitteln einen möglichst großen Nutzen zu erzielen. Die ganze Aufgabe wird dadurch spannend, dass niemand beliebig viele Mittel, beispielsweise Geld, hat. Die *Ziele* wiederum können sehr verschieden sein: Haushalte oder Konsumenten wollen vielleicht ihren Nutzen maximieren, Unternehmen wollen Gewinne maximieren, Kosten minimieren, Marktanteile vergrößern oder möglichst viel produzieren.

Bleiben wir beim letzten Beispiel, ignorieren dabei aber mögliche Nebenbedingungen. Das hat Zeit bis zum Studium. Nehmen wir an, Sie sind dafür zuständig, den kurzfristigen Zusammenhang zwischen der eingesetzten Arbeitsmenge (gemessen in gesamten wöchentlichen Arbeitsstunden) und der produzierten Menge an Schokolade (gemessen in Kartons) zu untersuchen. Kurzfristig kann die Betriebsleitung nicht schnell eine neue Produktionsstätte bauen, kurzfristig kann sie, um die Produktion zu steigern, nur ein paar neue Arbeitskräfte einstellen oder Überstunden ansetzen. Wenn wir dann mit den schon gewohnten Tricks die zufälligen Störungen ignorieren und die Einflüsse anderer wichtiger erklärender Variablen konstant halten, bekommt man die sogenannte *Produktionsfunktion* mit der Produktionsmenge $y$ und dem Arbeitseinsatz $L$ (von *labour* für Arbeit), die vielleicht die Funktionsform

$$y = f(L) = b_0 \cdot L^{b_1} \tag{7.1}$$

mit $b_0 > 0$ und $0 < b_1 < 1$ hat. Nehmen wir als Rechenbeispiel

$$y = f(L) = b_0 \cdot L^{b_1} = 1000 \cdot L^{0,2}, \tag{7.2}$$

dann ergibt sich die Grafik in Abbildung 11. Die Tangenten in der Abbildung betrachten wir gleich genauer.

Na so was – die Funktion kennen wir doch aus Gleichung (4.1) aus Kapitel 4! Fällt den Ökonomen denn gar nichts Neues ein? Nein, wenn eine Funktion in vielen Anwendungen so nützlich ist, muss man sich nicht krampfhaft eine neue ausdenken.

Warum passt diese Wurzelfunktion hier schon wieder? Stellen Sie sich vor, der Betrieb beschäftigt nur zwei Teilzeitkräfte, die zusammen 40 Stunden pro Woche schaffen, so gut sie eben können. Man sieht an der relativ hohen Steigung der Produktionsfunktion beim Arbeitseinsatz von 40 Wochenstunden, dass mit jeder zusätzlichen Arbeitsstunde ein stattlicher Produktionszuwachs zu erzielen ist. Daraus kann man folgern, dass diese 40 Arbeitsstunden wohl etwas knapp sind, um all die Maschinen zu bedienen und alle Produktionsabläufe zu gewährleisten. Außerdem dürften die armen beiden ziemlich im Stress sein, was nicht unbedingt leistungsfördernd ist. Wenn dann noch einmal Störungen an Maschinen auftreten oder eine der beiden Arbeitskräfte krank wird, bricht die Produktion gleich zusammen.

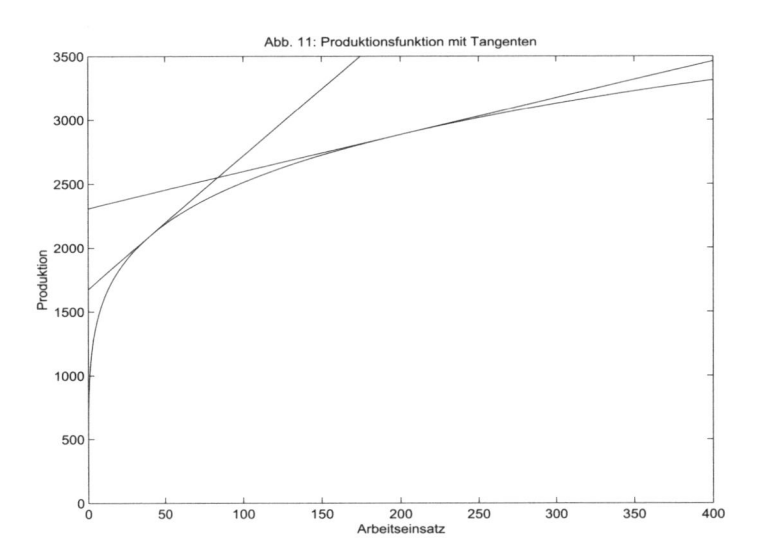

Abb. 11: Produktionsfunktion mit Tangenten

Nun stellen wir uns vor, der Betrieb beschäftigt fünf Vollzeitkräfte, die zusammen 200 Stunden pro Woche arbeiten. Man sieht in Abbildung 11, dass auf diese Weise im Durchschnitt deutlich mehr produziert wird. Gründe dafür können sein, dass nun die

Produktionsabläufe viel besser zu koordinieren sind und auch bei Krankheit oder Urlaub von Arbeitskräften die Produktion nicht gleich zusammenbricht. Gemessen an der Zahl der zu bedienenden Maschinen und der Produktionsschritte scheint dieser Arbeitseinsatz angemessener zu sein. Man erkennt aber auch an der deutlich geringeren Steigung der Produktionsfunktion beim Arbeitseinsatz von 200 Wochenstunden, dass nun mit jeder zusätzlichen Arbeitsstunde ein weit geringerer Produktionszuwachs zu erzielen ist. Denn wenn zu viele Arbeitskräfte an der (immer noch gleich großen) Produktionsstätte herumlaufen, dann treten diese sich irgendwann auf die Füße, halten öfter ein Schwätzchen oder sind sonstwie unproduktiv.

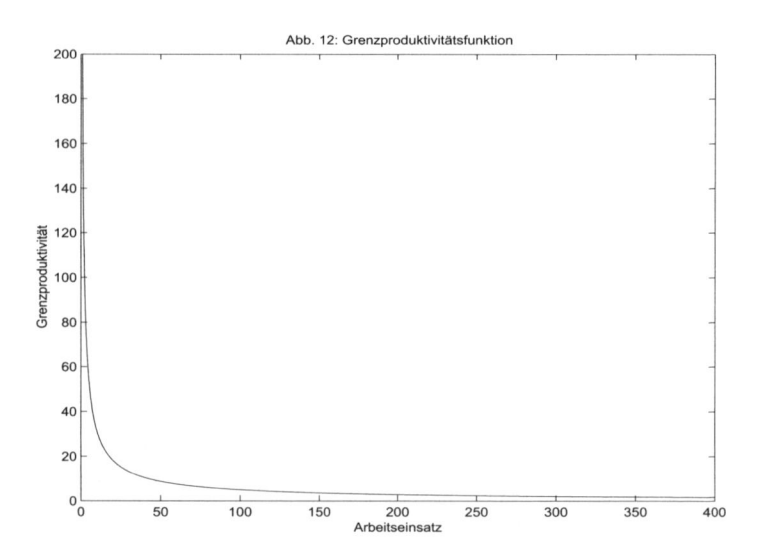

Abb. 12: Grenzproduktivitätsfunktion

# Änderungen von Funktionswerten

Generell steigt also die Produktion mit dem Arbeitseinsatz, aber die Zuwächse nehmen ab. Um das zu sehen, muss man entweder die Funktion kennen oder sie zeichnen – was beides natürlich bei komplizierteren Funktionen keine große Hilfe ist – oder ableiten. Leiten wir also die Funktion (7.2) nach dem Arbeitseinsatz $L$ ab, dann erhalten wir die Ableitungsfunktion

$$f'(L) = 200 \cdot L^{-0{,}8} \qquad (7.3)$$

mit Grafik in Abbildung 12. Den Titel erkläre ich Ihnen etwas später.

Was ist an diesen Ableitungsfunktionen so spannend? Es ist, wie gesagt, der Job von Wirtschaftswissenschaftlern, ökonomische Prozesse zu optimieren. Diese Optimierung läuft über wenige wichtige messbare und beeinflussbare Stellschrauben, wie Preise oder Werbung in Kapitel 2 oder den Arbeitseinsatz in diesem Beispiel. Da die Ökonomen etwas machen wollen, um diese optimalen Ziele zu erreichen, ist natürlich vor allem die Frage interessant, um wie viel sich – siehe Kapitel 2 – die Nachfrage erhöht, wenn man die Preise senkt oder den Werbeaufwand erhöht oder um wie viel sich die Produktion erhöhen lässt, wenn man mehr Arbeitskräfte einsetzt oder Überstunden machen lässt. Es geht also um Änderungen von Funktionswerten (hier der Produktionsfunktion), die durch Ableitungen gemessen werden. Die Ableitungsfunktion liefert diese Ableitungen für alle interessierenden Werte von $L$, wie wir uns nun genauer ansehen werden. Daher finden Ökonomen diese Ableitungsfunktionen oft noch spannender als die Ausgangsfunktionen.

Sie haben an der Schule zwar ein bisschen über Ableitungen gelernt, aber richtig verstanden haben Sie noch nicht, worum es bei Ableitungen geht und was Ökonomen daran so wichtig finden könnten? Dann sehen wir uns das Thema doch anhand des obigen Beispiels etwas genauer an. Der Ausgangspunkt ist die eben erwähnte Frage, wie sich, etwa ausgehend von $L_0 = 40$ Arbeitsstunden, die Produktion $y = f(L)$ erhöht, wenn man den Arbeitseinsatz $L$ zum Beispiel um $\Delta L = 1$ Arbeitsstunde erhöht. $\Delta L$ (gesprochen ‚Delta L') bezeichnet dabei die Änderung der Variablen $L$, hier von $L_0 = 40$ auf $L_1 = 41$ Arbeitsstunden. Ein naheliegendes Maß für die Antwort auf obige Frage ist der *Differenzenquotient*

$$\frac{\Delta y}{\Delta L} = \frac{f(L_0 + \Delta L) - f(L_0)}{\Delta L} = \frac{f(L_1) - f(L_0)}{L_1 - L_0} \qquad (7.4)$$

mit der Änderung des Funktionswertes

$$\Delta y = f(L_0 + \Delta L) - f(L_0) = f(L_1) - f(L_0). \qquad (7.5)$$

In Zahlen ergibt sich, dass bei 40 wöchentlichen Arbeitsstunden eine zusätzliche Arbeitsstunde zu

$$\frac{\Delta y}{\Delta L} = \frac{f(41) - f(40)}{1} = 10,35 \qquad (7.6)$$

zusätzlichen Kartons Schokolade führt. Ist die Interpretation in

# Änderungen von Funktionswerten

Einheiten eigentlich korrekt? Ja, es ist alles in Ordnung, denn $\Delta y$ hat als Differenz zweier $y$-Werte (mit der Einheit Kartons) auch die Einheit Kartons und $\Delta L$ hat als Differenz zweier $L$-Werte (mit der Einheit Arbeitsstunden) auch die Einheit Arbeitsstunden, so dass der Differenzenquotient die Einheit

$$\frac{\text{Kartons}}{\text{Arbeitsstunden}} \qquad (7.7)$$

hat. In Abbildung 13 sehen Sie einen Ausschnitt aus Abbildung 11 zur Veranschaulichung der durchgeführten Berechnungen. Um die noch nicht beschriebenen Bestandteile dieser Abbildung kümmern wir uns gleich.

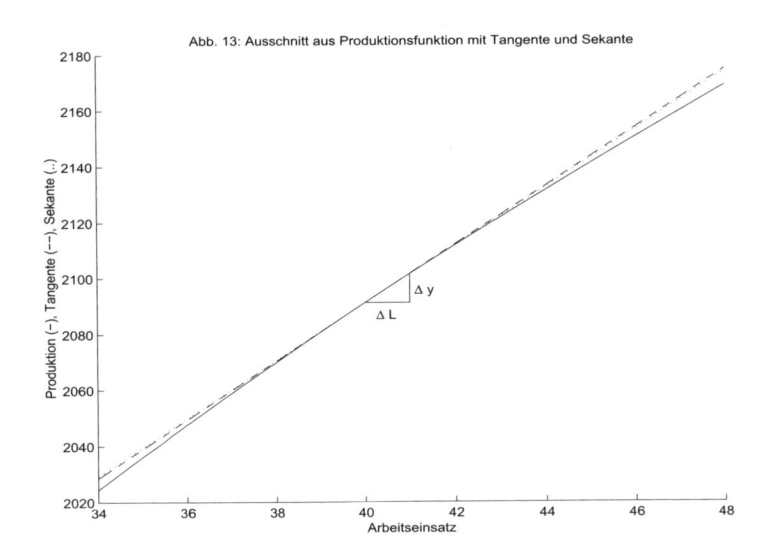

Abb. 13: Ausschnitt aus Produktionsfunktion mit Tangente und Sekante

Genauso ergibt sich, dass bei $L_0 = 200$ wöchentlichen Arbeitsstunden eine zusätzliche Arbeitsstunde nur zu

$$\frac{\Delta y}{\Delta L} = \frac{f(201) - f(200)}{1} = 2,88 \qquad (7.8)$$

zusätzlichen Kartons Schokolade führt, was die anhand von Abbildung 11 schon gemachte Beobachtung unterstützt, dass die Produktionszuwächse mit dem Arbeitseinsatz abnehmen.

Wenn man, wie eben durchgeführt, für ein paar konkrete Werte von $L_0$ und $\Delta L$ berechnen möchte, wie sich zusätzliche Arbeitsstunden in zusätzlichen Schokoladenkartons auszahlen, so ist das eben vorgestellte Verfahren dafür natürlich sehr geeignet. Häufiger möchte man aber etwas grundsätzlicher und allgemeiner das Änderungsverhalten der Funktionswerte der Produktionsfunktion betrachten. Dafür zieht man dann lieber die Ableitungsfunktion heran, deren Funktionswerte die Steigungen (Ableitungen) der Produktionsfunktion in beliebigen Punkten $L_0$ sind. Wie kommt man vom Differenzenquotienten zur Ableitung?

Am Beginn steht, wie eben gesagt, der Wunsch, die Steigung der Produktionsfunktion in Punkten $L_0$ zu messen. Wenn die betrachtete Funktion linear (also ihr Graph eine Gerade) ist, ist dieser Wunsch natürlich leicht zu erfüllen, weil Geraden konstante Steigungen haben. Aber die Produktionsfunktion in obigem Beispiel ist – wie viele andere Funktionen auch – nicht-linear, so dass ihre Steigung sich im Allgemeinen mit dem Punkt, in dem sie berechnet werden soll, ändert. Daher ist die Frage berechtigt, was man unter der Steigung einer Funktion in einem Punkt eigentlich

# Änderungen von Funktionswerten

verstehen will. Die Antwort ist: Unter der Steigung einer Funktion in einem Punkt versteht man die Steigung der in dem Punkt an die Kurve anliegenden *Tangente*, die in Abbildung 13 für $L_0 = 40$ eingezeichnet ist. Natürlich ist die Existenz dieser Steigung an Bedingungen geknüpft, die wir uns gleich ansehen werden.

Formaler Ansatzpunkt zur Berechnung dieser Steigung ist der Differenzenquotient (7.4), der auch die Steigung der *Sekante* ergibt, die in den Punkten $(L_0, f(L_0))$ und $(L_1, f(L_1))$ den Graphen der Funktion schneidet. Abbildung 13 enthält auch die Sekante für $L_0 = 40$ und $L_1 = 41$. Den Differenzenquotienten kann man in beliebigen Punkten $L_0$ im Definitionsbereich der Funktion für beliebige Differenzen $\Delta L$ berechnen, sofern $\Delta L$ ungleich null ist. Nur für $\Delta L$ gleich null ist der Differenzenquotient nicht definiert, da er dann den Wert $\frac{0}{0}$ hätte, also unbestimmt wäre.

Das ist der Grund, warum man bei der Bestimmung der Steigung der in einem Punkt an die Kurve anliegenden Tangente einen Grenzübergang durchführt. Man berechnet dabei den Differenzenquotienten (7.4) für diverse positive und negative $\Delta L$. Lässt man diese positiven oder negativen $\Delta L$ betragsmäßig sehr klein – aber noch ungleich null – werden, so nähert sich der Punkt $L_1$ immer mehr $L_0$ und die zugehörige Sekante – unter gewissen Bedingungen an die Glattheit der Funktion – immer mehr der Tangente. In Abbildung 13 sehen Sie, dass die Sekante in diesem Beispiel schon für $\Delta L = 1$ ziemlich nahe an der Tangente liegt. Im Grenzübergang $\Delta L \to 0$ bzw. $L_1 \to L_0$ geht dann die Sekante in die Tangente über und deren Steigung, also der Differenzenquotient, wird zum *Differentialquotienten* oder der *Ableitung* der Funktion

$f(L)$ im Punkt $L_0$:

$$f'(L_0) = \lim_{\Delta L \to 0} \frac{\Delta y}{\Delta L} = \lim_{\Delta L \to 0} \frac{f(L_0 + \Delta L) - f(L_0)}{\Delta L} \qquad (7.9)$$

$$= \lim_{L_1 \to L_0} \frac{f(L_1) - f(L_0)}{L_1 - L_0}. \qquad (7.10)$$

Man nimmt dabei das Verhalten des Differenzenquotienten in direkter Umgebung von $L_0$ (wo $\Delta L$ ungleich null ist und der Differenzenquotient noch definiert ist), um den Wert des Differenzenquotienten dort, wo $\Delta L$ gleich null und der Differenzenquotient nicht definiert ist, zu ergänzen. Wann führt dieser Grenzübergang zu einer sinnvollen Lösung, nämlich dem *Grenzwert* (lateinisch *Limes* mit der Abkürzung lim)? Dazu muss die Funktion $f(L)$ in einer kleinen Umgebung von $L_0$ hinreichend *glatt* sein, darf dort also weder eine Sprungstelle noch eine Knickstelle aufweisen. Sonst würde die Tangente nämlich nicht fest an der Kurve anliegen, sondern ‚wackeln' und hätte keine eindeutige Steigung mehr. Außerdem muss die Funktion in $L_0$ von endlicher Steigung sein. Wenn alle diese Bedingungen erfüllt sind, sagt man, dass obiger Grenzwert *existiert* und die Funktion $f(L)$ in $L_0$ *differenzierbar* ist.

Da es natürlich ziemlich umständlich wäre, Ableitungen über Definition (7.9) berechnen zu müssen, wird dann die *Ableitungsfunktion* $f'(L)$ eingeführt, deren Funktionswerte die Ableitungen $f'(L_0)$ der Produktionsfunktion $f(L)$ in allen Punkten $L_0$ sind, in denen $f(L)$ definiert und differenzierbar ist. Wenn Sie dann noch die Ableitungsfunktionen für wichtige Grundfunktionen wie Polynome, Potenzfunktionen, Exponentialfunktionen und Logarithmusfunktionen kennen und ein paar Rechenregeln beherrschen, dann können Sie Funktionen wie die in (7.2) leicht differenzieren und erhalten als Lösung die Ableitungsfunktion (7.3).

Eine Ableitung einer Produktionsfunktion heißt in der Ökonomie eine *Grenzproduktivitätsfunktion* (wie im Titel von Abbildung 12 geschrieben), und diese Silbe *Grenz* ist in der Ökonomie sehr wichtig. Sie werden in gleicher Weise Grenzerlösfunktionen, Grenzkostenfunktionen, Grenzgewinnfunktionen und viele weitere kennen lernen. Dabei ist eine Grenzfunktion immer eine Ableitungsfunktion. Dieser Name – das wissen Sie jetzt – kommt daher, dass sich dahinter ein Grenzwert wie der in (7.9) verbirgt.

Wie interpretiert man eigentlich Ableitungen? Wenn wir wieder $L_0 = 40$ und $L_0 = 200$ wöchentliche Arbeitsstunden als Beispiel nehmen und dafür jeweils den Effekt einer zusätzlichen Arbeitsstunde berechnen möchten, setzt man diese Zahlen in $f'(L)$ in Gleichung (7.3) ein und erfährt daraus, dass bei 40 wöchentlichen Arbeitsstunden eine zusätzliche Arbeitsstunde näherungsweise zu

$$f'(40) = 10,46 \qquad (7.11)$$

zusätzlichen Kartons Schokolade führt, während bei 200 wöchentlichen Arbeitsstunden eine zusätzliche Arbeitsstunde näherungsweise nur

$$f'(200) = 2,89 \qquad (7.12)$$

zusätzliche Kartons Schokolade ergibt. Daran sieht man noch einmal den oben schon beschriebenen geringeren Produktionszuwachs (die *abnehmende Grenzproduktivität*, wie man in der Ökonomie sagt) bei wachsenden Arbeitsstunden, wie der Graph der Grenzproduktivitätsfunktion in Abbildung 12 und die Tangenten an die Produktionsfunktion in Abbildung 11 veranschaulichen.

Hat die Ableitung (7.9) die gleichen Einheiten wie der Differenzenquotient (7.4)? Ja, die Ableitung wurde als Grenzwert des Differenzenquotienten eingeführt, wodurch deren Einheiten die gleichen (siehe (7.7)) bleiben, so dass die eben gesehene Interpretation die korrekten Einheiten enthielt.

Aber warum stand da eben zweimal *näherungsweise*? Wenn man nicht mogeln will, muss dieses Wort verwendet werden, denn die korrekten Zahlen haben Sie offensichtlich schon in (7.6) bzw. (7.8) gesehen – und die waren leicht verschieden von denen in (7.11) bzw. (7.12). Der Grund ist einfach der, dass Sie bei der Interpretation der Ableitung nur die Steigung der Funktion $f(L)$ in $L_0$, also die Steigung der Tangente in $L_0$ verwenden. Diese Tangente steigt aber etwas mehr als obige Sekante, wenn man um $\Delta L = 1$ von $L_0$ nach $L_1$ geht. Daher ist (7.11) eine Näherung (über den Differenzenquotienten der Tangente) für (7.6) und (7.12) eine Näherung für (7.8).

Der Fehler dieser Näherung wird dann groß, wenn der Sprung (im Beispiel eine Stunde Mehr-Arbeit) auf der waagerechten Achse zu groß ist oder wenn die Kurve (hier der Graph der Produktionsfunktion) in der Umgebung von $L_0$ zu krumm ist. Daher ist der Näherungsfehler bei $L_0 = 40$ wöchentlichen Arbeitsstunden

# Änderungen von Funktionswerten

(10, 46 statt 10, 35), wo die Kurve relativ krumm ist (siehe Abbildung 11), etwas größer als bei $L_0 = 200$ (2, 89 statt 2, 88), wo die Kurve fast gerade ist. Meist kann man mit der Näherung über die Ableitungsfunktion – wie in diesem Beispiel – ganz gut leben, denn auf dem Wege zum Modell (7.2) haben auch schon eine Reihe anderer Vereinfachungen stattgefunden, die – siehe die früheren Kapitel – zu kleineren Ungenauigkeiten geführt haben können.

Um zu zeigen, warum Ableitungen in den Wirtschaftswissenschaften so beliebt sind, folgt nun noch ein weiteres typisches Beispiel. Nehmen Sie an, dass auf einem lokalen Markt viele kleine Betriebe (zum Beispiel Bäckereien in einem Stadtteil) gegeneinander antreten und Erdbeertorten verkaufen. Werbung spielt keine Rolle, Besonderes (wie Bio-Produkte) wird nicht angeboten. Die Preise werden dann vom Markt gesetzt, denn keiner der Betriebe ist so groß, dass er die Macht hat, diese zu setzen. Wer zu teuer ist, verliert seine Kunden, wer zu billig ist, gerät in finanzielle Schwierigkeiten. Eine solche idealisierte Situation heißt in der Ökonomie *vollkommene Konkurrenz*. In dieser Situation können die Betriebe ihre Gewinne nur über die Produktionsmenge $x$ (Anzahl Erdbeertorten) steuern und Gewinne, Umsatz und Kosten (in Euro) sind Funktionen von $x$.

Wie in Kapitel 2 erwähnt, ermittelt man die *Gewinne* $G(x)$, indem man vom *Umsatz* $U(x)$ die *Kosten* $K(x)$ abzieht:

$$G(x) = U(x) - K(x). \tag{7.13}$$

Wenn man nun, um den Gewinn bezüglich $x$ zu maximieren, die Gewinnfunktion $G(x)$ nach $x$ ableitet und null setzt, erhält man

$$G'(x) = U'(x) - K'(x) \stackrel{!}{=} 0. \tag{7.14}$$

Darin ist $G'(x)$ die Grenzgewinnfunktion, $U'(x)$ die Grenzumsatzfunktion und $K'(x)$ die Grenzkostenfunktion. Es folgt

$$U'(x) = K'(x) \tag{7.15}$$

als notwendige Bedingung für ein Gewinnmaximum.

Das war Ihnen bestimmt wieder viel zu abstrakt. Nehmen wir also ein Rechenbeispiel

$$U(x) = 10 \cdot x \quad \text{und} \quad K(x) = x^2 + 10 \tag{7.16}$$

zur Hilfe und veranschaulichen es in Abbildung 14 graphisch. Dann erhält man mit (7.13)

$$G(x) = 10 \cdot x - (x^2 + 10) = -x^2 + 10 \cdot x - 10 \tag{7.17}$$

und

$$G'(x) = -2 \cdot x + 10. \tag{7.18}$$

Wenn Sie $G'(x)$ null setzen und nach $x$ auflösen, ergibt sich die optimale Produktionsmenge $x = 5$, wo die Gewinnfunktion maximal wird, wie Sie durch Prüfung des Vorzeichens der zweiten

# Änderungen von Funktionswerten

Ableitung von $G(x)$
$$G''(x) = -2 < 0 \qquad (7.19)$$

feststellen. In $x = 5$ ist aber die Steigung der Umsatzfunktion (der Grenzumsatz)
$$U'(x) = 10 \qquad (7.20)$$

gleich der Steigung der Kostenfunktion (den Grenzkosten):
$$K'(x) = 2 \cdot x \Longrightarrow K'(5) = 10. \qquad (7.21)$$

Das hat Gleichung (7.15) vorhergesagt.

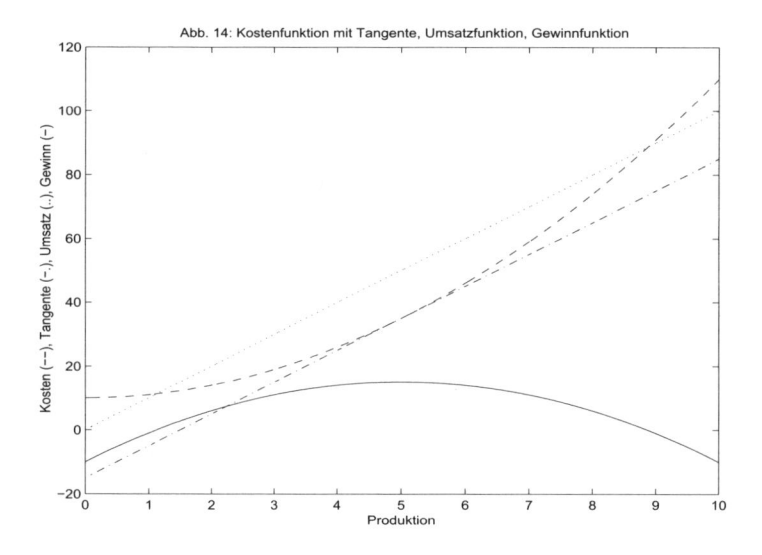

Abb. 14: Kostenfunktion mit Tangente, Umsatzfunktion, Gewinnfunktion

Warum ist das plausibel? Ausgehend von den sogenannten *Fixkosten* $K(0) = 10$, die unabhängig von der produzierten Menge wegen Mieten etc. anfallen, steigen die Kosten munter an, zunächst schwächer, dann immer stärker, weil der Betrieb (Arbeitskräfte und Maschinen) irgendwann an seine Kapazitätsgrenzen stößt. Wir nehmen dabei an, dass bei Erdbeertorten keine Möglichkeit besteht, durch Rationalisierung bei größeren Stückzahlen die Kosten zu senken. Was machen Umsatz und Gewinne? Der Umsatz braucht wegen der Fixkosten ein bisschen, um die Kosten zu überholen. Wenn er das aber geschafft hat, fangen die Gewinne an, positiv zu werden (bei etwas mehr als einer Erdbeertorte). Die Gewinne wachsen weiter, solange die Kosten noch weniger wachsen als der Umsatz. In $x = 5$ ist dann der Punkt erreicht, wo eine zusätzliche produzierte Erdbeertorte zu einem Umsatzzuwachs führt, der (näherungsweise) genau gleich dem Kostenzuwachs ist, wo also Grenzkosten gleich Grenzumsatz ist, wie Gleichung (7.15) sagt. Genau da ist daher der Gewinn maximal, denn noch mehr Erdbeertorten sollte dieser Betrieb nicht produzieren, weil dann die (quadratisch wachsenden) Kosten stärker wachsen als der (linear wachsende) Umsatz.

Bei den Funktionen $K(x)$ und $G(x)$ und deren graphischer Darstellung haben wir wieder etwas gemogelt, indem wir so getan haben, als seien Erdbeertorten beliebig teilbar. Natürlich würden Konditoren ziemlich schräg gucken, wenn ökonomische Berater vorschlagen würden, 4,973 Erdbeertorten zu produzieren, weil dann der Gewinn optimal wird. Sonst könnte man aber nicht ableiten, und die ganze schöne Methode wäre weit weniger elegant.

Aber diese kleinen Tricks kennen Sie mittlerweile.

Auf jeden Fall ist dieses *Grenz... gleich Grenz...*-Ergebnis eines der wichtigsten Hilfsmittel ökonomischer Argumentation bei der Bearbeitung von Optimierungsproblemen. Daher sind Ableitungen, auch für schwierigere Funktionen als in diesem Kapitel, mit allen Rechenregeln theoretisch wie praktisch in den Wirtschaftswissenschaften von größter Bedeutung.

# Kapitel 8

# Mehr als nur kleine Fische

Inzwischen haben Sie schon für eine ganze Reihe von mathematischen Konzepten gesehen, wie diese in den Wirtschaftswissenschaften gebraucht werden. Nebenbei haben Sie dabei auch einige Merkmale (wirtschafts-)wissenschaftlichen Arbeitens kennen gelernt. Ein ganz wesentliches Merkmal (siehe Kapitel 2 und 3) sind Restriktionen, also die Konzentration auf das Wesentliche, indem man (relativ unwichtige) zufällige Störungen ignoriert und die Einflüsse anderer (wichtiger) Variablen, die gerade nicht zur Debatte stehen, ausblendet. Weiterhin wurde in Kapitel 4 gezeigt, wie man zu präzisen Begriffsdefinitionen kommt. Schließlich ist in fast allen Kapiteln die besondere Rolle der Einfachheit deutlich geworden.

Nachdem wir im vorigen Kapitel die Ableitungen betrachtet haben, geht es nun um weitere wichtige Merkmale wirtschaftswissenschaftlicher Arbeit, nämlich Abstraktion, Verallgemeinerung und Übertragung, die in Kapitel 5 schon angesprochen wurden. Wenn man ein Problem wie etwa das der Entscheidung zwischen alternativen Bildungswegen zu lösen hat, hilft es immer, sich die wesentlichen Aspekte zu notieren. Da es sehr gut sein kann, dass sich schon einmal jemand anders mit diesem oder einem vergleichbaren Problem (vielleicht in einem anderen Fach) beschäftigt hat, ist es hilfreich, dieses möglichst abstrakt zu tun, um das Problem und die Lösung übertragen zu können. Dabei hilft natürlich die Mathematik ganz ungemein.

Es geht um das Mathematisieren von ökonomischen Problemen, also um *Textaufgaben*, etwas, das bei fast allen SchülerInnen und Studierenden sehr unbeliebt ist. Außerdem geht es um die Verallgemeinerung von Formeln und Regeln und um die Fähigkeit, auch nach Austausch von Symbolen oder Bedeutungen noch zu erkennen, dass die Formel dieselbe geblieben ist. Ich erinnere mich daran, dass ein Kollege in einer Vorlesung einmal eine ganz zentrale statistische Formel, mit der nachweislich jeder Studierende im zweiten und dritten Semester wochenlang intensiv arbeitet, an die Tafel schrieb und fragte, wer diese Formel schon jemals gesehen hätte. Alle Studierenden, ungefähr aus dem sechsten Semester, schworen feierlich, diese Formel noch nie gesehen zu haben. Das hatten sie aber doch, nur mit anderen Buchstaben. Darum geht es nun.

Stellen Sie sich vor, im Garten des Hauses Ihrer Eltern ist ein großer Fischteich, in dem einige Fische leben. Biologisch interessierte Beobachter fragen sich dann vielleicht, wann diese Fischpopulation am schnellsten ohne externe Einflussnahme (auf deutsch: niemand setzt Fische dazu oder nimmt welche heraus) wächst. Zum einen ist es sicherlich nützlich, wenn überhaupt schon männliche und weibliche Exemplare im Teich vorhanden sind. Wenn dann einige davon schon ein paar Jahre dort leben, werden auch ein paar geschlechtsreife dabei sein. Dieses führt uns zu der Vermutung, dass folgende Regel gilt:

*1. Regel: Bei noch relativ kleinem Fischbestand wird dieser umso schneller wachsen, je mehr Fische im Teich sind.*

Zum anderen ist es aber sicher ein Problem, wenn der Teich so voll von Fischen ist, dass keiner von ihnen dort noch ausreichend Futter und Platz hat. Dann werden von den eventuell neugeborenen Fischen viele nicht überleben. Es wird also einen gewissen maximalen Fischbestand für diesen Teich geben, den die Fischpopulation nicht überschreiten kann. Damit kann man vermuten, dass folgende weitere Regel gilt:

*2. Regel: Ist der Fischbestand dem maximalen Bestand schon relativ nahe, wird der Fischbestand umso langsamer wachsen, je mehr Fische im Teich sind.*

Diesen maximalen Fischbestand nennen wir $S$ (für *Sättigungsniveau* des Teiches). Alle weiteren möglichen Effekte wie Fischart oder Wasserqualität ignorieren wir wieder.

Mathematisch gebildete Ökonomen schreiben solche verbalen Regeln gerne etwas formaler auf. Wie Sie oben gelesen haben, schadet Ihnen das als zukünftige Wirtschaftswissenschaftler auch nicht. Also – hier ist die Fischwachstums-Formel: Wenn wir den Bestand an Fischen im Jahr $t$ mit $B(t)$ bezeichnen, können wir das Wachstum (die Änderung des Bestands) mit $B'(t)$ bezeichnen. Dann kann man die beiden gerade eben formulierten Regeln in folgender Formel ausdrücken:

$$B'(t) = b\,B(t)\,(S - B(t)) \tag{8.1}$$

mit $b > 0$.

Was ist *das* nun wieder? Das ist eine *Differentialgleichung*. So etwas haben ein paar von Ihnen im Mathematik-Unterricht in der Schule schon gesehen. Für die, die es noch nicht gesehen haben: Eine Differentialgleichung beschreibt die Änderung einer Variablen (hier des Fischbestands) in Abhängigkeit vom Wert dieser Variablen. Neben dem Wachstumsfaktor $b > 0$, der erst einmal nicht weiter interessiert, stehen dort genau die eben formulierten Regeln: Das Fischwachstum $B'(t)$ ist proportional zum Fischbestand $B(t)$ (Regel 1) und zur Differenz $S - B(t)$ zwischen Fischbestand und maximalem Fischbestand (Regel 2).

Man sieht an Formel (8.1) sehr deutlich: Viele Fische sind gut, aber auch wieder nicht gut für das Fischwachstum $B'(t)$. Ein paar ‚Eltern' sollten schon im Teich sein, aber zu viele sind schädlich, weil die dummerweise auch noch Platz und Futter brauchen. Wie sieht nun die Bestandsentwicklung bei Gültigkeit dieser Regeln bzw. von Gleichung (8.1) aus? Differentialgleichungen kann man lösen. Manche haben das schon in der Schule kennen gelernt; die anderen erfahren das im Studium, vielleicht im ersten Semester in Mathematik, vielleicht auch erst später. Auf jeden Fall folgt nun die Lösung, die sogenannte *logistische Funktion*

$$B(t) = \frac{S}{1 + e^{a-bt}} \tag{8.2}$$

mit $a \in \mathbb{R}$. Grafik 15 zeigt diese Funktion mit $S = 100$, $a = 4$ und $b = 1$.

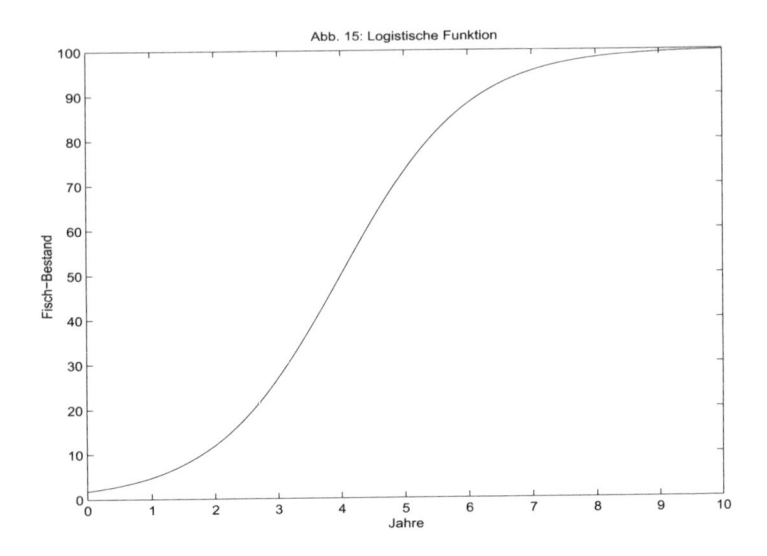

**Abb. 15: Logistische Funktion**

Zunächst einmal erkennen Sie wieder einige Mogeleien, die Ihnen inzwischen bestimmt schon vertraut sind. Während wir mit Gleichung (8.2) den Fischbestand im Modell als eine stetige Variable behandeln, ist der tatsächliche Fischbestand natürlich diskret. $B(0) = 1,799$ Fische, die es laut Modell im Jahr $t = 0$ im Teich geben soll, können Sie vielleicht bei einem (sehr gutmütigen) Fischhändler kaufen, aber nicht lebend in einem Teich sehen. Wie im letzten Kapitel die Erdbeertorten sehen wir auch den Fischbestand als beliebig teilbar an, um mit dem eleganten Modell (8.2) arbeiten zu können. Aus demselben Grund ignorieren wir auch, dass die Bestandsveränderungen (insbesondere durch Geburt) eher gehäuft auftreten werden und glätten die Bestände daher etwas.

Was kann man – mit diesem Wissen im Hinterkopf – Gleichung (8.2) und Abbildung 15 entnehmen? Man sieht, dass die Anzahl der Fische, ausgehend von etwa zwei im Jahr $t = 0$ (hoffentlich verschiedenen Geschlechts) immer wächst, erst wenig, dann mehr, dann wieder weniger. Das Teich-Sättigungsniveau $S$ wird offensichtlich nicht überschritten. Am Anfang wächst die Fischpopulation wenig, weil nach Regel 1 zu wenig ‚Eltern' im Teich sind. Am Ende wächst sie wenig, weil dann (Regel 2) zu viele Fische im Teich sind. In der Mitte wächst die Population am stärksten, und zwar genau dann, wenn die Hälfte des maximalen Bestands erreicht ist, weil in Gleichung (8.1) die Faktoren $B(t)$ und $S-B(t)$ mit gleichem Gewicht eingehen.

Diese logistische Funktion ist schon seit 1837 bekannt und wird in der Demografie und Biologie viel benutzt. Wen interessiert das in der Ökonomie? Ganz einfach: Stellen Sie sich vor, Sie sind nach Ihrem Studium an der Entwicklung einer völlig neuen Handygeneration beteiligt. Ein Handy ist, wie ein Auto oder eine Waschmaschine, ein sogenanntes *Gebrauchsgut*, das im Gegensatz zu einem Verbrauchsgut durch den Gebrauch (hoffentlich) nicht vernichtet wird. Mit Ihren ökonomischen Kenntnissen sollen Sie nun etwas Fundiertes zum Wachstum des deutschen Marktes für dieses Produkt aussagen. Sie kommen nach einer ersten Analyse zum Urteil, dass man nach Ausschluss einiger Bevölkerungsgruppen wegen Alter, Einkommen, Technikfeindlichkeit etc. einen maximalen Handybestand von rund $S = 30$ Millionen potenziellen Kunden (das *Sättigungsniveau* des Marktes) mit dem neuen Produkt erreichen kann und dass pro Kunde auch nur ein derartiges Handy benötigt wird. Dann gehen Sie davon aus, dass es für das Marktwachstum sicherlich nützlich ist, wenn schon einige Personen so ein Handy haben, weil dann die Kollegen, Nachbarn und Freunde auch eines haben wollen. Damit kommen Sie zur ersten vermuteten Regel:

*1. Regel: Bei noch relativ geringem Handybestand wird dieser umso schneller wachsen, je mehr Handys im Markt sind.*

Allerdings wächst der Handybestand aber nur stark, solange viele potenzielle Handy-Käufer es noch nicht gekauft haben, sofern also der maximale Handybestand für diesen Markt noch lange nicht erreicht ist. Damit haben Sie die

*2. Regel: Ist der Handybestand dem maximalen Bestand schon relativ nahe, wird der Handybestand umso langsamer wachsen, je mehr Handys im Markt sind.*

Alle weiteren möglichen individuellen und regionalen Effekte ignorieren Sie erst einmal.

Als mathematisch ausreichend versierter Ökonom erkennt man, dass man all das gerade eben schon einmal gesehen hat. Wenn Sie den Bestand an Handys im Monat $t$ mit $B(t)$ und die Änderung des Bestands mit $B'(t)$ bezeichnen, erhalten Sie wieder Formel (8.1), die wieder von der logistischen Funktion (8.2) gelöst wird. Grafik 16 zeigt ein Zahlenbeispiel mit $S = 30$ Millionen, $a = 6$ und $b = 0,5$. Natürlich sind auch ähnliche warnende Hinweise zur angenommenen Stetigkeit des Handybestands wie zur angenom-

*Mehr als nur kleine Fische*

menen Stetigkeit des Fischbestands (im Text nach Abbildung 15) angebracht.

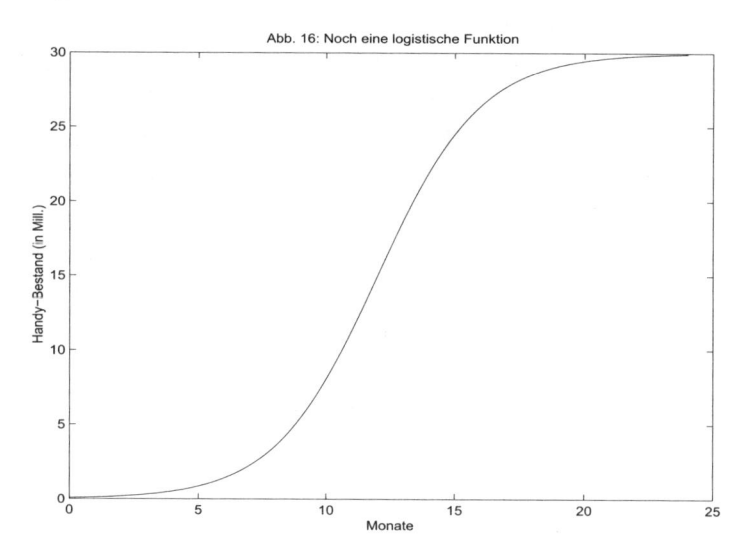

Abb. 16: Noch eine logistische Funktion

Auch in diesem Fall wird das Markt-Sättigungsniveau $S$ offensichtlich nicht überschritten. Weiterhin kann man einige wesentliche sogenannte *Marktphasen* eines neuen Gebrauchsguts sehen, die im Marketing unter anderem für die Konzeption von Werbung sehr wichtig sind. Am Anfang, in der ersten Marktphase, wächst der Handybestand wenig, weil bisher (Regel 1) zu wenig Handys verkauft wurden. Das Produkt ist am Markt noch viel zu unbekannt. Nur ein paar unerschrockene, immer bestens informierte Technik-Freaks (*Early Adopter* im Marketing-Jargon) haben schon so ein Handy. Da die einfache Werbung über Kollegen, Nachbarn und Freunde noch nicht ausreichend funktioniert, muss die Werbung also ganz massiv die innovativen Eigenschaften des neuen Produkts bekannt machen.

Am Ende, in der dritten Marktphase, wächst der Handybestand auch wenig, weil dann (Regel 2) fast alle potenziellen Käufer schon ein neues Handy haben. Hier würden dann praktisch nur noch Ersatzkäufe getätigt, zum Beispiel wenn das Handy kaputtgegangen ist. Da die Werbung aus der ersten Marktphase nun auch nicht hilft, muss die Entwicklungsabteilung dem ‚alten neuen' Handy ein paar zusätzliche Funktionen einbauen, damit die Werbeabteilung dann den Kunden erzählen kann, dass diese das ‚alte neue' Handy nur noch ihrer Oma schenken können und sich jetzt unbedingt das ‚neue neue' Handy kaufen müssen, weil das noch viel besser ist.

In der Mitte, in der zweiten Marktphase, hingegen wächst der Handybestand fast von ganz alleine. Die oben erwähnten *Early Adopter*, die schon so ein Handy haben, schwärmen ihren Kollegen, Nachbarn und Freunden vor, wie toll dieses ist, so dass die Werbung nur ab und zu daran erinnern muss, dass auch keine potenziellen Kunden vergessen, endlich ihr Handy zu kaufen.

In diesem Abschnitt haben Sie gesehen, dass neben der schon bekannten Konzentration auf das Wesentliche (in der Modellierung) besonders die Fähigkeit zur Mathematisierung und Übertragung benötigt wurde, um zu erkennen, dass zwischen der Bestandsentwicklung von Handys und Fischen kein wesentlicher Unterschied besteht, dass das Modell aus der Biologie also übertragen werden kann und sollte, um das Marketingproblem zu lösen. Wenn

Sie also das nächste Mal in der Schule eine praxisferne Textaufgabe bekommen, tun Sie zur Übung Ihr bestes, um sie zu lösen, denn praxisnahe Textaufgaben warten schon im Studium auf Sie. Und auch in diesem Fall wurden natürlich rechnerische Fähigkeiten benötigt, aber das Wissen, wo der nächste PC oder Taschenrechner zu finden ist, war bei der wesentlichen Leistung, nämlich der Übertragung des Problems, überhaupt keine Hilfe.

# Kapitel 9

# Mathe hilft beim Aufräumen

„Jetzt räum doch endlich Dein Zimmer auf!" Gehören Sie zu den armen Menschen, die von Ihrer Mutter früher (oder immer noch) diesen Satz zu hören bekamen? Wenn Sie inzwischen vielleicht schon vor der mütterlichen Ordnungs-Sehnsucht geflohen sind und alleine wohnen, merken Sie, dass Sie ganz von selbst Ordnung halten, weil das irgendwie die Zeit für das Suchen wichtiger Dinge deutlich reduziert. Doch wie sagt Kaiser Franz in *Lissi und der wilde Kaiser*: „Aber das sagen wir nicht der Mama."

Wie schön ist es doch, dass es Mathe gibt, denn dieses universelle Fach hilft Ihnen auch beim Aufräumen. Das gilt aber leider nicht für Ihr Zimmer oder Ihre Wohnung, sondern mehr für Ihre Berechnungen. Na ja, man kann nicht alles haben. Tragischerweise ist das aber auch ein Aspekt der Mathematik, der vielen SchülerInnen und Studierenden große Schwierigkeiten macht, daher zu vielen Fehlern führt und somit zur großen Unbeliebtheit von Mathe beiträgt.

Viele SchülerInnen und Studierende der ersten Semester schreiben Rechnungen und Formeln hin, wie es Ihnen gerade in den

Sinn kommt, ohne sich um die Einhaltung der wichtigen mathematischen Regeln zu kümmern. Dann werden Aussagen, die vielleicht richtig im Kopf erdacht wurden, falsch aufgeschrieben und dann wird natürlich, weil es falsch da steht, falsch weitergerechnet. Machen Sie sich einmal die Mühe, sich Ihre eigenen Schul- oder Studienunterlagen, Klassenarbeiten oder Klausuren anzusehen, die Sie selbst vor vier oder mehr Jahren erstellt haben. Damals werden Sie nicht verstanden haben, warum Ihre Lehrer oder Professoren das genauso umständlich und pingelig gesagt und geschrieben haben, wie es umständlich und pingelig im Lehrbuch stand. Heute werden Sie sich wahrscheinlich wundern, was Sie damals selbst für ein unverständliches Zeug geschrieben haben und warum Sie das nicht gleich so verständlich notiert haben, wie das Ihre Lehrer oder Professoren Ihnen erzählt hatten, sondern in Ihren eigenen Worten, die doch wirklich kein Mensch verstehen kann. Daran sehen Sie, dass Sie – auch in Mathematik – etwas dazugelernt haben. Wenn nicht, brauchen Sie dringend dieses Kapitel.

Mathematik dient also dazu, mittels weniger (!) wichtiger Regeln, die aber streng einzuhalten sind (das ist das Problem), Sachverhalte exakt zu beschreiben. Dies führt zu präzisen Beschreibungen der zu lösenden Probleme, was wiederum der einzige Weg zu vernünftigen Antworten ist (darum kümmern wir uns noch einmal im nächsten Kapitel). Weiterhin dient Mathematik auch dazu, in umfangreichen Formeln oder großen Datenmengen Ordnung zu schaffen, um dann mit diesen übersichtlich und korrekt arbeiten zu können (darum geht es nun).

Fangen wir mit den umfangreichen Formeln an. Im 5. Kapitel haben Sie zwei Formeln gesehen, die mathematisch gebildete Ökonomen so nicht aufschreiben würden. Ich habe es dort nur gemacht, um Sie nicht zu verschrecken, aber mittlerweile kennen wir uns doch schon etwas länger. Ich meine die Formeln (5.8)

$$P = D(0) + \frac{D(1)}{1+i} + \ldots + \frac{D(5)}{(1+i)^5} \qquad (9.1)$$

und (5.10)

$$P = D(0) + \frac{D(1)}{1+i} + \ldots + \frac{D(T)}{(1+i)^T}. \qquad (9.2)$$

Was gibt es in diesen Formeln zu kritisieren? Sie sind unnötig lang und daher für weitere Rechnungen unpraktisch. Besser ist es, solche Formeln mit dem Summenzeichen zu schreiben. Das *Summenzeichen* ist das griechische $\sum$ (das große Sigma), das man folgendermaßen einführt:

Für zwei ganzzahlige Werte $k$ und $m$ (also $k, m \in \mathbf{Z}$) mit $k \leq m$ und eine (meistens ziemlich große) Menge von indizierten reellen Zahlen $a_i$ (also $a_i \in I\!R$) für $i = k, k+1, \ldots, m$ definiert man folgende Kurzschreibweise von Summen:

$$\sum_{i=k}^{m} a_i = a_k + a_{k+1} + \ldots + a_m. \qquad (9.3)$$

Diese wird gelesen als ‚Summe von $i$ gleich $k$ bis $m$ über $a_i$'. Dabei durchläuft der Summationsindex $i$ alle ganzen Zahlen in Einser-

## Mathe hilft beim Aufräumen

schritten von der Untergrenze $k$ aufwärts bis zur Obergrenze $m$. Ist die Obergrenze $m$ kleiner als die Untergrenze $k$, so ist die Summe gleich null. Die Untergrenze ist übrigens praktisch meistens null oder eins.

Damit ist ein für alle Mal klar gesagt, was ‚...' in solchen Summen heißt, und man kann die obigen Formeln kürzer aufschreiben als

$$P = D(0) + \frac{D(1)}{1+i} + \ldots + \frac{D(5)}{(1+i)^5} = \sum_{t=0}^{5} \frac{D(t)}{(1+i)^t} \qquad (9.4)$$

beziehungsweise

$$P = D(0) + \frac{D(1)}{1+i} + \ldots + \frac{D(T)}{(1+i)^T} = \sum_{t=0}^{T} \frac{D(t)}{(1+i)^t}. \qquad (9.5)$$

Dabei haben wir, damit die Formel wirklich kurz wird (immer so einfach wie möglich!), den ersten Summanden in beide Formeln hineingezogen, indem wir ihn als

$$D(0) = \frac{D(0)}{(1+i)^0} \qquad (9.6)$$

geschrieben haben, weil Sie in der Potenzrechnung gelernt haben, dass

$$(1+i)^0 = 1 \qquad (9.7)$$

ist.

Das Gute an solchen Summenzeichen-Ausdrücken ist, dass Sie

erstens kürzer und sauberer sind als die Summen ohne Summenzeichen (sondern mit Punkten). Zweitens muss man nichts Neues lernen, denn ein Summenzeichen-Ausdruck *ist* nichts Neues, sondern nur eine verkürzte Schreibweise für die gute alte Summe, die Sie schon seit Grundschulzeiten kennen. Da aber solche langen Summen wie in Formel (5.10) und noch viel längere mit Tausenden oder Millionen von Summanden in manchen Disziplinen der Ökonomie (etwa in der Statistik) häufiger zu sehen sind, werden Sie Summenzeichen oft wieder sehen.

Es ist auch nützlich, mit solchen Summenzeichen-Ausdrücken rechnen zu können. Wieder hilft das Wissen, dass so ein Ausdruck nur eine verkürzte Schreibweise für die gute alte Summe ist, dabei, solche Rechenregeln zu verstehen. Sehen wir uns nun die drei wichtigsten Rechenregeln für Summenzeichen-Ausdrücke an.

Dabei beschränken wir uns in der ersten Regel auf den praktisch wichtigsten Fall, dass die Untergrenze $k = 1$ ist, weil dann der Ausdruck etwas übersichtlicher bleibt. Mit Bedingungen wie in der Definition (9.3) und einer Konstanten $c \in \mathbb{R}$ gilt als erstes:

$$\sum_{i=1}^{m} c = mc. \tag{9.8}$$

In Worten besagt diese Regel: Wenn Sie $m$ Summanden haben, die konstant sind, die sich also nicht mit dem Index $i$ ändern, dann ergibt das $mc$:

$$\sum_{i=1}^{m} c = \underbrace{c + c + \ldots + c}_{m-mal} = mc. \tag{9.9}$$

Das ist doch logisch, oder?

Damit kommen wir zur zweiten Regel mit Bedingungen wie eben:

$$\sum_{i=k}^{m} ca_i = c \sum_{i=k}^{m} a_i. \tag{9.10}$$

Das stimmt, weil

$$\sum_{i=k}^{m} ca_i = ca_k + ca_{k+1} + \ldots + ca_m \tag{9.11}$$

$$= c(a_k + a_{k+1} + \ldots + a_m) = c \sum_{i=k}^{m} a_i \tag{9.12}$$

ist, in Worten: Sie dürfen einen konstanten Faktor aus einer Summe ausklammern, was bedeutet, dass Sie diesen vor das Summenzeichen ziehen dürfen. Das war auch nicht schwer, nicht wahr?

Dann sind Sie reif für die dritte Regel mit Bedingungen wie eben und dazu noch einer zweiten Menge $b_i \in \mathbb{R}$ von indizierten Zahlen, auch mit $i = k, k+1, \ldots, m$:

$$\sum_{i=k}^{m} (a_i + b_i) = \sum_{i=k}^{m} a_i + \sum_{i=k}^{m} b_i. \tag{9.13}$$

In Worten besagt diese Regel, dass Sie (bei endlich vielen Summanden, um genau zu sein) in Summen beliebig umsortieren können. Sie können alles unter anderem nach Summationsindex oder nach $a$ und $b$ sortieren. Das ist so, egal, ob Sie nun die Summe direkt oder mit dem Summenzeichen schreiben:

$$\sum_{i=k}^{m}(a_i + b_i) = a_k + b_k + a_{k+1} + b_{k+1} + \ldots + a_m + b_m \qquad (9.14)$$

$$= a_k + a_{k+1} + \ldots + a_m + b_k + b_{k+1} + \ldots + b_m \qquad (9.15)$$

$$= \sum_{i=k}^{m} a_i + \sum_{i=k}^{m} b_i. \qquad (9.16)$$

Wenn Sie diese drei Regeln unfallfrei beherrschen, dann werden Sie auch im Studium, etwa in Statistik, schon ziemlich gut sein! Sollten Sie aber einmal einen anderen Summenzeichen-Ausdruck antreffen, der Ihnen die Schweißperlen auf die Stirn treibt, dann atmen Sie einmal tief durch und schreiben diesen Ausdruck einfach als Summe ohne Summenzeichen hin. Danach wird garantiert alles klar sein.

Am Beginn des Kapitels hatte ich geschrieben, dass Mathe auch beim Aufräumen in großen Datenmengen hilft. Wer braucht denn so etwas? Wirtschaftswissenschaftler brauchen so etwas, wenn sie *empirisch*, also mit Daten und statistischen Methoden, arbeiten. Dieses wird, unter anderem wegen der immer besseren Verfügbarkeit von teilweise riesengroßen Datenmengen, immer wichtiger. Bei vielen guten Job-Angeboten für Wirtschaftswissenschaftler (zum Beispiel in Banken, in Versicherungen, in der Wirtschaftsprüfung, in großen Unternehmen, im Marketing, in der Verwaltung oder in der Forschung) werden empirische Kenntnisse verlangt. Dazu gehören neben der sicheren Beherrschung der Ökonomie gute Kenntnisse in Statistik und statistischer Software. All das beginnt mit der Fähigkeit, mit großen Datenmengen formal und am PC arbeiten zu können. Dazu braucht man Vektoren und Verallgemeinerungen davon.

Blättern Sie noch einmal zurück zum 3. Kapitel. Da hatten wir besprochen, wie Sie für ein Marketingunternehmen die Nachfrage nach Schokolade modellieren, also eine Nachfragefunktion erstellen und am Ende schätzen. Dazu brauchen Sie Daten für die Nachfrage nach Schokolade in den $n$ untersuchten Geschäften, beispielsweise für jeden Monat des Jahres 2009, und unter anderem für die Preise der Schokolade in diesen Geschäften. Wenn Sie dann mit diesen Daten arbeiten wollen, müssen Sie diese Daten geordnet in Ihren PC transportieren. Sie geben also jedem Geschäft eine Nummer, ordnen dann Nachfrage und Preise nach dieser Nummer (denn natürlich sollen die Nachfrage- und Preis-Werte zum selben Geschäft gehören) und lesen diese sortierten Nachfrage- und Preis-Werte in Ihre statistische Software ein. Schon haben Sie 24 *Vektoren* geschaffen, darunter den Nachfragevektor $\mathbf{x}_1$ und den Preisvektor $\mathbf{p}_1$

$$\mathbf{x}_1 = \begin{pmatrix} x_{11} \\ \vdots \\ x_{1n} \end{pmatrix} \quad \text{und} \quad \mathbf{p}_1 = \begin{pmatrix} p_{11} \\ \vdots \\ p_{1n} \end{pmatrix} \quad (9.17)$$

mit den *Komponenten* $x_{11}, \ldots, x_{1n} \in I\!R$ und $p_{11}, \ldots, p_{1n} \in I\!R$. Dabei bezeichnet der Index 1 in den Vektoren und der erste Index der Komponenten in den Vektoren den Monat (hier 1, also Januar) des Beobachtungszeitraums 2009, während die jeweils zweiten Indizes 1 bis $n$ an den Komponenten in den Vektoren die Nummer des Geschäfts sind. Genauso werden dann die Nachfragevektoren $\mathbf{x}_2, \ldots, \mathbf{x}_{12}$ und die Preisvektoren $\mathbf{p}_2, \ldots, \mathbf{p}_{12}$ für die anderen Monate definiert.

Vektoren sind also geordnete Aufstellungen (auch *n-Tupel* genannt) von reellen Zahlen, die üblicherweise als Spaltenvektoren geschrieben werden. Geometrisch definieren diese Vektoren Punkte im $I\!R^n$, die man manchmal gerne als Ortsvektoren (Pfeile) darstellt. Im $I\!R^2$ sind die Vektoren dann Paare, die als Ortsvektoren (Pfeile) in der Ebene gezeichnet werden können. Die kennen Sie bestimmt aus der Schule.

Was haben Sie nun davon, dass Sie wissen, dass das Vektoren sind? Zum einen brauchen Sie das, um die Vorlesungen oder Software-Handbücher zu verstehen, die Ihnen für solche Vektoren von Daten erklären, wie man damit Nachfragefunktionen schätzt. Zum anderen können Sie in der Dokumentation Ihrer Vorgehensweise (damit die Kunden und Chefs auch verstehen, was Sie gemacht haben) sauber erläutern, was Sie alles mit den Daten gemacht haben. Wenn Sie im Algebra-Teil des Mathematikunterrichts in der Schule schon Rechenoperationen mit Vektoren kennengelernt haben, haben Sie sich vielleicht schon gefragt, welcher gesunde Mensch ein Interesse daran haben könnte, $n$-dimensionale Vektoren zu addieren und zu multiplizieren. Sie erfahren gleich,

# Mathe hilft beim Aufräumen

dass Sie bald zu diesen Menschen gehören könnten. Wenn man damit sein Geld verdient, kann das ziemlich spannend sein.

Wie kann man eine Vektoraddition einführen und wozu braucht man diese? Vielleicht möchten Sie aus den monatlichen Schokolade-Nachfragemengen die jährlichen Schokolade-Nachfragemengen für alle Geschäfte bilden und dieses effizient aufschreiben. Mit der *Vektoraddition* macht man genau dieses, denn die Addition der Nachfragevektoren $x_1, \ldots, x_{12}$ bedeutet die Addition, Geschäft für Geschäft, der Nachfragemengen über alle Monate (beschrieben durch die Summenzeichen-Terme im rechten Vektor in folgender Formel). Man erhält auf diese Weise den Vektor der jährlichen Schokolade-Nachfragemengen für alle Geschäfte:

$$x_{2009} = \sum_{t=1}^{12} x_t = \begin{pmatrix} \sum_{t=1}^{12} x_{t1} \\ \vdots \\ \sum_{t=1}^{12} x_{tn} \end{pmatrix}. \qquad (9.18)$$

Das sieht, wenn man sich mit den vielen Summenzeichen vertraut gemacht hat, nicht so kompliziert aus. Wie kann man eine Vektormultiplikation einführen und praktisch einsetzen? Nun wird es leider etwas komplizierter. Während praktisch nur diese eine Definition der Vektoraddition im Gebrauch ist, die sich zudem noch durch sehr einfache Rechenregeln auszeichnet, gibt es mehrere Definitionen für die Vektormultiplikation (ach, das wäre doch wirklich nicht nötig gewesen), die auch in diversen Anwendungsbereichen zum Einsatz kommen und teilweise noch etwas undurchsichtige Rechenregeln aufweisen. In der Ökonomie braucht man zwei dieser Definitionen, die ich Ihnen nun zeigen werde.

Im obigen Beispiel kann es erforderlich sein, auch die monatlichen Umsätze der einzelnen Geschäfte zu berechnen und diese Berechnung effizient zu notieren. Da sich – wie Sie spätestens seit Kapitel 2 wissen – der Umsatz durch Multiplikation von Preis und Nachfragemenge ergibt, erhalten Sie den Vektor der monatlichen Umsätze für alle Geschäfte durch elementweise Multiplikation der monatlichen Preis- und Nachfragevektoren. So ist der Umsatzvektor des ersten Monats definiert als

$$\mathbf{u}_1 = \begin{pmatrix} u_{11} \\ \vdots \\ u_{1n} \end{pmatrix} = \mathbf{x}_1 \cdot \mathbf{p}_1 = \begin{pmatrix} x_{11} \cdot p_{11} \\ \vdots \\ x_{1n} \cdot p_{1n} \end{pmatrix}. \tag{9.19}$$

Dieses tiefer gelegte Malzeichen haben Sie in der Schule noch nie gesehen? Das glaube ich Ihnen sofort. Man bezeichnet es als *Hadamard-Produkt* (wenn Sie jetzt über die Aussprache grübeln: Hadamard war ein Franzose). Dieses Produkt wird gebildet, wie es dort steht, indem Sie elementweise – also Geschäft für Geschäft – Preis und Nachfragemenge multiplizieren. Obwohl das Hadamard-Produkt nicht zum Standardstoff des Mathematik-Unterrichts an der Schule, nicht einmal an der Uni gehört, ist es praktisch in der Ökonomie eine der beiden wichtigeren Definitionen einer Vektormultiplikation.

Was gibt es noch auf dem Vektor-Multiplikations-Markt? Es gibt noch das Ihnen wahrscheinlich bekannte *Skalarprodukt* oder *innere Produkt.* Wenn Sie den Umsatz $U_1$ *aller* Geschäfte im Januar berechnen wollen, dann bekommen Sie eine Zahl, nämlich

$$U_1 = <\mathbf{x}_1, \mathbf{p}_1> = \sum_{i=1}^{n} x_{1i} \cdot p_{1i}, \qquad (9.20)$$

die Sie auch berechnen könnten, indem Sie im Umsatzvektor (9.19) über alle Geschäfte aufsummieren:

$$U_1 = <\mathbf{x}_1, \mathbf{p}_1> = \sum_{i=1}^{n} u_{1i}. \qquad (9.21)$$

Das Skalarprodukt ist aber auch sehr wichtig, weil sich mit einer passenden Version davon Längen von und Abstände und Winkel zwischen Vektoren berechnen lassen (das wissen Sie bestimmt). Wozu Ökonomen die brauchen, erfahren Sie zum Teil im nächsten Kapitel.

Vielleicht haben Sie sich eben gewundert, was ich für ein merkwürdiges Zeichen $<\mathbf{x}_1, \mathbf{p}_1>$ für das Skalarprodukt benutzt habe. Es kann sein, dass Ihre Lehrer ein anderes Symbol (oder gar keins!) für das Skalarprodukt benutzt haben. Es gibt nämlich leider in der Mathematik ein gewisses Schreibweisen-Chaos. Es gibt die Schreibweise $<\cdot,\cdot>$ auch für andere Begriffe (!), und es gibt mehrere Schreibweisen für das Skalarprodukt. Das ist leider kein Einzelfall im Wirrwarr der mathematischen Schreibweisen und Konventionen. Auch die obige Schreibweise mit dem tiefen Malzeichen für das Hadamard-Produkt ist nicht die einzige. *Da müsste einmal jemand aufräumen!* Stimmt! Alle bisherigen Versuche sind aber grandios gescheitert. Auf jeden Fall ist es hilfreich, genau zu wissen und zu sagen, was man gemacht hat. Denn die Aussage in der Dokumentation „Ich habe die Vektoren miteinander malgenommen" sagt überhaupt nichts, weil eben nicht klar ist, wie Sie diese multipliziert haben.

Zur Vektoren-Multiplikation kennen Sie vielleicht auch noch das Kreuzprodukt. Das ist ein Konzept, das Sie ziemlich sicher in den Wirtschaftswissenschaften nicht wiedersehen werden – endlich einmal eine erfreuliche Nachricht! Zum Ausgleich dafür muss ich Ihnen aber leider beichten, dass Sie mit der Kenntnis von Vektoren im Studium nicht auskommen werden. Noch wichtiger als diese sind nämlich sogenannte *Matrizen* (Singular: Matrix). Sie erhalten Matrizen, wenn Sie mehrere Spaltenvektoren nebeneinander schreiben. Wieder ist das ein Konzept, mit dem man rechnen und damit in noch größeren Zahlenmengen (wie in Tabellen) Ordnung halten, mit Software am PC arbeiten und nachvollziehbar aufschreiben kann, was man mit seinen Daten alles gemacht hat. Solche Matrizen braucht man in der Regressionsanalyse (siehe Kapitel 3) und im Operations Research, wo Sie eindeutig und mehrdeutig lösbare lineare Gleichungs- und Ungleichungssysteme mithilfe von Matrizen darstellen werden, um dann damit etwa Lagerhaltungs- und Transportprobleme zu lösen.

In diesem Kapitel haben Sie gesehen, dass Mathematik eine Disziplin ist, die zur Ordnung und Präzision in Formulierungen führt und bei der Strukturierung von großen Datenmengen hilft. Der Gebrauch von Mathematik erfordert aber auch („leider" denken jetzt manche) große Exaktheit. Ohne diese kann man nämlich nicht fehlerfrei wissenschaftlich arbeiten, in Modellen denken und ökonomische Probleme lösen. So ist das eben. Sie werden in Ihrem Studium neu zu denken und zu arbeiten lernen. Das strukturierte Arbeiten in Modellen mit mathematischen Methoden spielt dabei eine ganz wesentliche Rolle.

# Kapitel 10

# Wie verschieden sind Hamburg und Bremen?

In bekannten Nachrichtenmagazinen liest man regelmäßig Fragen wie „Welche Uni ist die beste?". Können Sie sich vorstellen, warum die meisten Wissenschaftler bei solchen Fragen Bauchschmerzen bekommen? Nein – nicht wegen der Abkürzung *Uni*. Sie wissen doch mittlerweile, dass Wissenschaftler die angemessene Einfachheit lieben. Nein – auch nicht, weil jemand die Leistung von Unis messen, vergleichen und anordnen möchte. Das ist ein durchaus legitimer Versuch angesichts der Bedeutung einer richtigen Studienortwahl und wegen der vielen Millionen Euro, die die Unis kosten. Ja – weil die Frage fürchterlich unpräzise ist.

Es wird in nicht-wissenschaftlichen Magazinen häufiger erst im berühmten ‚Kleingedruckten' erklärt, bezüglich welchen Kriteriums die Uni-Leistung gemessen wird. Man kann dabei nämlich die Lehr- und/oder die Forschungsleistung messen. Beides kann wiederum mit sehr vielen verschiedenen Maßen geschehen. Man kann unter anderem versuchen, die Lehrleistung durch Befragung der Studierenden („Wie zufrieden sind Sie mit Ihrer Uni?"), durch Abschlussquoten (Anteil der Abschlüsse an den Studienanfängerzahlen), durch Durchschnittsnoten, durch Studiendauern etc. zu messen. All diese Maße haben ihre Mängel und die sich ergebenden Ranglisten unterscheiden sich je nach Maß gewaltig.

Es gibt eine Menge Unterschiede zwischen wissenschaftlichen und vielen nicht-wissenschaftlichen Zeitschriften, unter anderem hinsichtlich der Themen, der Sprache und der Anzahl der Formeln. Ein ganz wesentlicher Unterschied besteht aber in der Präzision. Eine derart allgemeine Frage wie „Welche Uni ist die beste?" würde so nackt in einer wissenschaftlichen Zeitschrift nicht durchgehen. Es würde dort ziemlich ausführlich hinzugefügt, wie (also mit welchem Kriterium) die Uni-Leistung gemessen wurde, welche Unis untersucht wurden (die deutschen Unis, keine Fachhochschulen usw.) und wann die Leistung gemessen wurde (denn Leistung kann sich auch verbessern oder verschlechtern). Sie kennen bestimmt die klassischen ‚W-Fragen' (was, wann, wo, wie etc.), mit denen man prüfen soll, ob eine Information vollständig ist. Diese W-Fragen müssen und werden in wissenschaftlichen Veröffentlichungen immer sehr genau behandelt. Denn der sicherste Weg zu präzisen Antworten sind präzise Fragen.

Wenn man bei diesen W-Fragen genau ist, dann kann man Fragen stellen, die auf den ersten Blick ziemlich schräg aussehen, wie zum Beispiel: „Wie verschieden sind Hamburg und Bremen?" In dieser Allgemeinheit ist diese Frage natürlich kompletter Unsinn. Fußballfans denken sofort an einen Vergleich des Hamburger SV mit Werder Bremen, andere eher an die Einwohnerzahl oder an touristische Unterschiede. Marketingexperten wie in den Kapiteln 2 und 3 denken wahrscheinlich an Kaufkraftunterschiede der in diesen Regionen lebenden Kunden. Im Folgenden nehmen wir als Beispiel den Arbeitsmarkt.

Nehmen wir an, Sie haben Ihr Bachelor- und Master-Studium erfolgreich absolviert und haben nun einen Job in einem Institut für Arbeitsmarktforschung. Dort befassen Sie sich mit regionaler Arbeitsmarktförderung und sollen sich für die Regionen, deren Arbeitsmärkte größere Sorgen bereiten, überlegen, welche Fördermaßnahmen sinnvoll sind. Dann muss zunächst festgelegt werden, was eine *Region* ist, denn man kann die Bundesrepublik etwa in 16 Bundesländer (viel zu grob) oder in 439 Landkreise (eher zu fein) einteilen. In der Arbeitsmarktforschung werden Sie wahrscheinlich mit den 175 Arbeitsamtsbezirken arbeiten.

Sie wissen, dass es sehr starke regionale Unterschiede gibt. In manchen Regionen (wie München) geht es dem Arbeitsmarkt relativ gut (beispielsweise gemessen durch geringe Arbeitslosenraten und einen starken Dienstleistungssektor – Näheres dazu folgt gleich). Eine derartige Region braucht weniger und – wenn überhaupt – andere Hilfe als eine Region wie der Arbeitsamtsbezirk Recklinghausen (mit hoher Arbeitslosenrate und im Durchschnitt lang andauernder Arbeitslosigkeit).

Andererseits wäre es aber auch Zeitverschwendung, sich 175-mal eine komplett neue arbeitsmarktpolitische Strategie zu überlegen, wenn es doch Arbeitsamtsbezirke gibt, die sich ziemlich ähneln. Nicht nur in einem Marketingunternehmen wie in den Kapiteln 2 und 3, sondern auch in einem Forschungsinstitut werden Ihre

Chefs daran interessiert sein, wie gut *und* wie schnell Sie arbeiten. Also ist nun wirklich die Frage interessant, wie verschieden die Arbeitsmarktlage in den Arbeitsamtsbezirken Hamburg und Bremen (und in allen anderen deutschen Arbeitsamtsbezirken) etwa im Jahre 2009 war, damit Sie sich dann für Arbeitsamtsbezirke mit ähnlicher Arbeitsmarktlage keine komplett neue arbeitsmarktpolitische Strategie überlegen müssen und Ihre Chefs sich über Qualität *und* Tempo Ihrer Arbeit freuen. Aha!

Wie misst man die ‚Arbeitsmarktlage' in einem Arbeitsamtsbezirk? Nun können Sie wieder das in den ersten Kapiteln Gelernte gebrauchen, denn auch in diesem Fall können und werden Sie Restriktionen setzen, sich also auf ein Modell mit wenigen wesentlichen Variablen beschränken. Eine erste Variable wird die *Einwohnerdichte* (berechnet als Einwohnerzahl pro Quadratkilometer an einem Stichtag wie dem 30.06.09) sein. Damit unterscheiden Sie unter anderem ländliche von städtischen Regionen.

Dann müssen ein paar Variablen für die erfreuliche Seite des Arbeitsmarktes in Ihr Modell, die beschreiben, wie viele neue Jobs im jeweiligen Arbeitsamtsbezirk geschaffen wurden und geschaffen werden können. Sie werden dazu wahrscheinlich die *Einstellungsrate* (berechnet als die Anzahl neuer Jobs im Jahre 2009, geteilt durch die Anzahl der bestehenden Jobs am 1.1.09) und vielleicht den Beschäftigtenanteil im Dienstleistungssektor (berechnet als die Anzahl der Dienstleistungs-Jobs, geteilt durch die Anzahl aller Jobs, etwa am 30.06.09) nehmen. Warum Letzteres? In der Schule haben Sie bestimmt schon einmal gehört, dass in Deutschland – wie in allen vergleichbaren Staaten – die volkswirtschaftlichen

Sektoren *Landwirtschaft* und *Industrie* stetig schrumpfen, während der Dienstleistungssektor ständig wächst. Das heißt, dass in einer Region mit einem relativ starken Dienstleistungssektor bessere Aussichten für neue Jobs bestehen als in einer Region mit vielen (eventuell schon älteren) Jobs in der Industrie (Werften, Automobilbau etc.), die ständig von Rationalisierung, Werksschließung oder Verlagerung nach Osteuropa bedroht sind.

Schließlich brauchen Sie noch ein paar Zahlen für die unerfreuliche Seite des Arbeitsmarktes, also die Arbeitslosigkeit. Dazu werden Sie vielleicht die regionale Arbeitslosenrate und die durchschnittliche Dauer der Arbeitslosigkeit (Durchschnitt über alle Arbeitslosen der Region, in Monaten) nehmen. Wenn letztere in einer Region hoch ist, dann zeigt das, dass in dieser Region relativ viele Personen geringe Aussicht haben, wieder einen Job zu finden, weil ihr Arbeitsplatz durch Werksschließung, Rationalisierung oder Verlagerung nach Osteuropa verschwunden ist und ihre Qualifikationen in anderen vorhandenen Jobs nicht mehr gefragt sind oder einfach in der Region nicht mehr ausreichend Jobs vorhanden sind.

Nun haben Sie fünf Variablen für alle 175 Arbeitsamtsbezirke: Einwohnerdichte, Einstellungsrate, Beschäftigtenanteil im Dienstleistungssektor, Arbeitslosenrate und durchschnittliche Arbeitslosigkeitsdauer. Wie berechnet man daraus die Verschiedenheit von Arbeitsamtsbezirken? Langsam! Allmählich nähern wir uns der Stelle, wo endlich wieder Mathematik ins Spiel kommt – und darauf haben Sie bestimmt schon sehnsüchtig gewartet, oder? Vorher haben wir noch ein kleines Problem zu erkennen und zu lösen. Wir wollen nämlich gleich diese fünf Variablen zusammenfassen (unter anderem addieren), und in der Schule haben Sie bestimmt gelernt, dass man diese Variablen nicht einfach addieren darf, weil sie verschiedene Einheiten haben. Die Einwohnerdichte wird in Einwohnerzahl pro Quadratkilometer gemessen, während die durchschnittliche Arbeitslosigkeitsdauer in Monaten gemessen wird. Diese Variablen darf man nicht addieren. Außerdem gibt es ein Größenproblem. Die Einwohnerdichte kann bei Großstädten Werte über 4000 annehmen, während die drei Raten und Anteile (Einstellungsrate, Beschäftigtenanteil und Arbeitslosenrate) natürlich zwischen null und eins liegen. Wenn man diese fünf Variablen also einfach – ohne zu überlegen – in einen Topf wirft, um damit die Verschiedenheit von Arbeitsamtsbezirken zu messen, dann würde die Einwohnerdichte wegen der relativ großen Werte bei der Verschiedenheitsmessung ein viel stärkeres Gewicht bekommen als die drei Raten und Anteile.

Was kann man gegen diese beiden Probleme tun? Man standardisiert alle Variablen. Diese einfache Rechnung haben Sie bestimmt im Statistikteil Ihres Mathematikunterrichts schon kennen gelernt. Vergessen? Ausnahmsweise kein Problem! Nehmen wir als Beispiel die durchschnittliche Arbeitslosigkeitsdauer mit dem Kürzel $D$. Wenn $D_i$ die durchschnittliche Arbeitslosigkeitsdauer eines der 175 Arbeitsamtsbezirke (mit $i = 1, \ldots, 175$) bezeichnet, berechnen Sie zunächst den *Mittelwert*

$$\bar{D} = \frac{1}{175} \sum_{i=1}^{175} D_i \qquad (10.1)$$

und die *Standardabweichung*

$$s_D = \sqrt{\frac{1}{175} \sum_{i=1}^{175} (D_i - \bar{D})^2} \qquad (10.2)$$

von $D$. Diese beiden Größen kennen Sie garantiert aus der Schule. Die Standardabweichung gibt die durchschnittliche Abweichung der regionalen Arbeitslosigkeitsdauer vom bundesdeutschen Mittelwert $\bar{D}$ an. Beide haben die gleiche Einheit (Monate) wie die Ausgangsvariable (nachprüfen!). Dann wird *standardisiert*, indem Sie für alle 175 Arbeitsamtsbezirke

$$D_i^z = \frac{D_i - \bar{D}}{s_D} \qquad (10.3)$$

berechnen. Dadurch verschwindet zum einen die Einheit (Monate), denn die standardisierte Variable $D_i^z$ ist frei von Einheiten, weil bei der Division durch $s_D$ die Einheit herausgekürzt wird. Zum anderen verschwinden alle Größeneffekte (nach Standardisierung aller fünf Variablen), denn die standardisierte Variable $D_i^z$ (normierte Abweichungen vom Mittelwert) ist im Mittel gleich null und hat die Standardabweichung eins.

Das glauben Sie nicht? Hier ist der Nachweis, dass der Mittelwert gleich null ist:

$$\bar{D}^z = \frac{1}{175} \sum_{i=1}^{175} D_i^z = \frac{1}{175} \sum_{i=1}^{175} \frac{D_i - \bar{D}}{s_D}. \qquad (10.4)$$

## Wie verschieden sind Hamburg und Bremen?

Daraus wird – nichts geschieht umsonst – wegen der Summenzeichenregeln (9.10) und (9.13):

$$= \frac{1}{s_D} \cdot \frac{1}{175} \sum_{i=1}^{175}(D_i - \bar{D}) = \frac{1}{s_D} \cdot \frac{1}{175} \left( \sum_{i=1}^{175} D_i - \sum_{i=1}^{175} \bar{D} \right). \quad (10.5)$$

Summenzeichenregel (9.8) macht daraus:

$$= \frac{1}{s_D} \cdot \frac{1}{175} \left( \sum_{i=1}^{175} D_i - 175 \cdot \bar{D} \right). \quad (10.6)$$

Weiter geht es mit

$$= \frac{1}{s_D} \left( \frac{1}{175} \sum_{i=1}^{175} D_i - \frac{1}{175} \cdot 175 \cdot \bar{D} \right) \quad (10.7)$$

und mit der Mittelwertdefinition (10.1) gilt schließlich

$$= \frac{1}{s_D}(\bar{D} - \bar{D}) = \frac{1}{s_D} \cdot 0 = 0. \quad (10.8)$$

Nun kommt der Nachweis, dass die Standardabweichung von $D^z$ gleich eins ist. Zu Beginn benutzen wir, dass – wie eben gesehen – der Mittelwert von $D^z$ gleich null ist:

$$s_{D^z} = \sqrt{\frac{1}{175} \sum_{i=1}^{175}(D_i^z - \bar{D}^z)^2} = \sqrt{\frac{1}{175} \sum_{i=1}^{175}(D_i^z)^2}. \quad (10.9)$$

Wenn man dann wieder die Summenzeichenregel (9.10) mitspielen lässt, folgt:

$$= \sqrt{\frac{1}{175} \sum_{i=1}^{175} \left(\frac{D_i - \bar{D}}{s_D}\right)^2} = \sqrt{\frac{1}{s_D^2} \cdot \frac{1}{175} \sum_{i=1}^{175} (D_i - \bar{D})^2}. \qquad (10.10)$$

Mit Hilfe der Definition der Standardabweichung (10.2) sieht man schließlich

$$= \frac{1}{s_D} \sqrt{\frac{1}{175} \sum_{i=1}^{175} (D_i - \bar{D})^2} = \frac{1}{s_D} \cdot s_D = 1. \qquad (10.11)$$

Das war Ihnen bestimmt wieder viel zu formal, ich weiß. Trotzdem haben Sie gesehen, dass man Schritt für Schritt, Regel für Regel – ohne zu mogeln – die gewünschte Behauptung zeigen kann.

In gleicher Weise standardisieren Sie nun die anderen Variablen Einwohnerdichte (mit dem Kürzel $P$), Einstellungsrate (mit dem Kürzel $H$), Beschäftigtenanteil im Dienstleistungssektor (mit dem Kürzel $S$) und Arbeitslosenrate (mit dem Kürzel $U$) und erhalten dadurch für alle 175 Arbeitsamtsbezirke die standardisierten Variablen $P_i^z$, $H_i^z$, $S_i^z$ und $U_i^z$. Auch die sind dann alle frei von Einheiten und von Größeneffekten.

Und nun? Nun graben wir eine Formel aus dem Algebra-Unterricht aus, von der Sie bestimmt nicht gedacht haben, dass Sie diese im Studium wieder sehen würden: die Abstandsformel, basierend auf dem guten alten Satz von Pythagoras. Dieser Abstandsbegriff wird im Studium durchaus eine der wichtigeren Formeln sein, die

*Wie verschieden sind Hamburg und Bremen?*

Sie im Algebra-Unterricht kennen gelernt haben. Nur werden Sie Abstände nicht mehr für irgendwelche langweiligen Punkte im $I\!R^2$ berechnen, sondern Sie werden Abstände zwischen Vektoren als Maß der Unterscheidbarkeit ökonomischer Einheiten (Personen, Firmen, Städte, Regionen, Länder) interpretieren, also in diesem Fall als Maß der Verschiedenheit der Arbeitsmarktsituation von Arbeitsamtsbezirken. Aha!

Wie ging das mit den Abständen? Wie im vorigen Kapitel schon erwähnt, kann man $n$-dimensionale Vektoren mit Punkten im $I\!R^n$ identifizieren. Nehmen wir an, Sie haben die beiden Vektoren

$$\mathbf{x} = \begin{pmatrix} 2 \\ 1 \end{pmatrix} \quad \text{und} \quad \mathbf{y} = \begin{pmatrix} 1 \\ 2 \end{pmatrix}. \tag{10.12}$$

Der *Abstand* (oder die *Distanz*) $d$ zwischen diesen beiden Vektoren (Punkten) im $I\!R^2$ ist

$$d(\mathbf{x}, \mathbf{y}) = \sqrt{(2-1)^2 + (1-2)^2} = \sqrt{2} = 1,414. \tag{10.13}$$

Warum? Das folgt aus dem *Satz von Pythagoras*, wie Sie in Grafik 17 sehen, denn es gilt

$$(d(\mathbf{x}, \mathbf{y}))^2 = (2-1)^2 + (1-2)^2 = 1 + 1. \tag{10.14}$$

Wenn Sie in Gleichung (10.14) noch auf beiden Seiten die Wurzel ziehen, haben Sie Formel (10.13).

Abb. 17: Distanz zweier Punkte

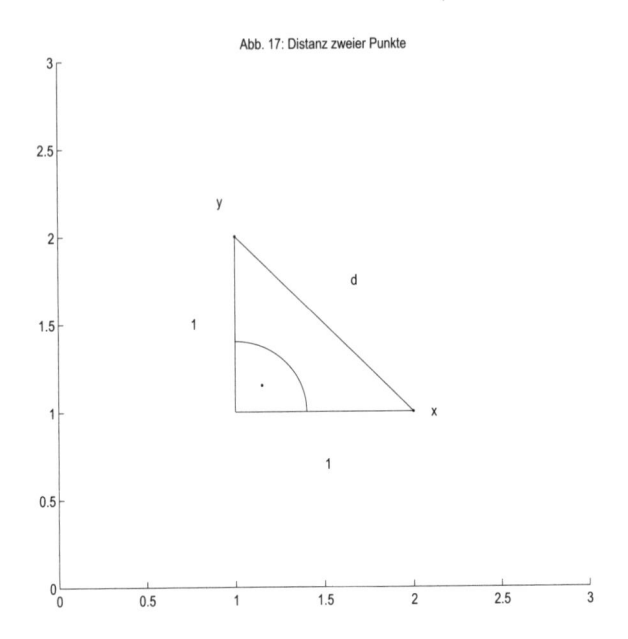

Eine der vielen guten Eigenschaften des Satzes von Pythagoras ist nun, dass er nicht nur im $I\!R^2$, sondern im $I\!R^n$ mit beliebigem $n \in I\!N$ gilt. Man erhält daher für beliebige Vektoren

$$\mathbf{x} = \begin{pmatrix} x_1 \\ \vdots \\ x_n \end{pmatrix} \quad \text{und} \quad \mathbf{y} = \begin{pmatrix} y_1 \\ \vdots \\ y_n \end{pmatrix} \in I\!R^n \qquad (10.15)$$

die Abstandsformel

$$d(\mathbf{x}, \mathbf{y}) = \sqrt{(x_1 - y_1)^2 + \ldots + (x_n - y_n)^2}. \qquad (10.16)$$

## Wie verschieden sind Hamburg und Bremen?

Das Summenzeichen erspare ich Ihnen hier einmal.

Jetzt sind Sie reif für den nächsten Schritt in Ihrem Arbeitsmarkt-Projekt. Aus Ihren standardisierten Variablen Einwohnerdichte $P^z$, Einstellungsrate $H^z$, Beschäftigtenanteil im Dienstleistungssektor $S^z$, Arbeitslosenrate $U^z$ und durchschnittliche Arbeitslosigkeitsdauer $D^z$ bilden Sie für alle 175 Arbeitsamtsbezirke den Vektor der standardisierten Variablen

$$\mathbf{x}_i = \begin{pmatrix} P_i^z \\ H_i^z \\ S_i^z \\ U_i^z \\ D_i^z \end{pmatrix} \in I\!R^5, \qquad (10.17)$$

der nach Ihren vorherigen Überlegungen die für Sie relevanten Aspekte der Arbeitsmarktsituation der Arbeitsamtsbezirke beschreibt. Dann berechnen Sie für alle 15 225 Paare (für solche Aufgaben gibt es Computer) von Arbeitsamtsbezirken den Abstand der jeweiligen Vektoren als Maß der Verschiedenheit der dortigen Arbeitsmarktsituation.

Tab. 1: Verschiedenheit der Arbeitsmarktsituation

|  | München | Frankfurt | Hamburg | Bremen |
|---|---|---|---|---|
| München | 0 | 0,0899 | 1,2155 | 1,1118 |
| Frankfurt | 0,0899 | 0 | 1,1256 | 1,0219 |
| Hamburg | 1,2155 | 1,1256 | 0 | 0,1037 |
| Bremen | 1,1118 | 1,0219 | 0,1037 | 0 |

Sie erhalten dann eine Tabelle (eine Matrix – siehe voriges Kapitel) mit 175 Zeilen und 175 Spalten von Abständen dieser Arbeitsamtsbezirke, von der ein sehr kleiner Auszug vielleicht aussieht wie in Tabelle 1. Etwas derart Merkwürdiges haben Sie noch nie gesehen? Das glaube ich nicht ganz, denn etwas wie in Tabelle 2 kennen Sie bestimmt. Das ist im Prinzip das Gleiche.

Tab. 2: Entfernungen in Autobahn-Kilometer

|  | München | Frankfurt | Hamburg | Bremen |
|---|---|---|---|---|
| München | 0 | 393 | 775 | 749 |
| Frankfurt | 393 | 0 | 555 | 441 |
| Hamburg | 775 | 555 | 0 | 124 |
| Bremen | 749 | 441 | 124 | 0 |

In Tabelle 2 sehen Sie die Entfernungen in Autobahn-Kilometer der gleichen Städte, eine sicherlich vertrautere Art von Abstand oder Distanz. Was zeichnet diese Abstände in Autobahn-Kilometer aus?

1. Die Entfernung einer Stadt zu sich selbst ist null. Das sind diese Nullen von links oben nach rechts unten (‚auf der Hauptdiagonale‘ sagt man).

2. Es ist egal, ob Sie von Hamburg nach Bremen oder Bremen nach Hamburg reisen: Die Entfernung ist dieselbe. Daher taucht jede Distanz zweimal in der Tabelle auf. Diese Eigenschaft nennt man ‚Symmetrie‘.

3. Schließlich bedeuten größere Zahlen größere Entfernungen.

Im Studium werden Sie eine andere dritte Bedingung kennenlernen, die Sie hier aber nur verwirren würde.

Diese Eigenschaften der Abstände (Entfernungen in Autobahn-Kilometer) in Tabelle 2 können Sie nun direkt auf die Abstände (Verschiedenheit der Arbeitsmarktsituation) in Tabelle 1 übertragen.

1. Die Verschiedenheit einer Stadt von sich selbst ist null. Das sind wieder die Nullen von links oben nach rechts unten.

2. Es ist egal, ob Sie Hamburg mit Bremen oder Bremen mit Hamburg vergleichen: Die Verschiedenheit ist dieselbe.

3. Auch in diesem Fall bedeuten größere Zahlen größere Unterschiede.

Der einzige Unterschied ist der, dass Sie die Entfernung in Autobahn-Kilometer mit einem Auto direkt abfahren können, während die ‚Verschiedenheit der Arbeitsmarktsituation' ein Produkt Ihrer Modellbildung am Kapitelanfang, also Ihrer Zusammenfassung der komplexen Arbeitsmarktsituation auf wenige wesentliche Variablen ist. Dank dieser Zusammenfassung und dank des eingesetzten Distanzmaßes können Sie aber nun mit jeweils einer Zahl ausdrücken, dass Hamburg und Bremen nicht nur geografisch relativ nahe zusammen liegen, sondern auch eine relativ ähnliche Arbeitsmarktsituation haben. Frankfurt und München weisen sogar eine noch ähnlichere Arbeitsmarktsituation (hoher Beschäftigtenanteil im Dienstleistungssektor, niedrige Arbeitslosenrate) auf.

Zwischen diesen beiden Gruppen hingegen ist die Arbeitsmarktsituation eher verschieden.

Sie haben dabei sicher schon gemerkt, dass die Standardisierung (10.3) dafür sorgt, dass die Abstände in Tabelle 1 (im Gegensatz zu den unstandardisierten Entfernungen in Tabelle 2) nicht allzu groß werden. Daher ist eine ‚Arbeitsmarkt-Verschiedenheit' größer als 1 (die Standardabweichung der standardisierten Variablen) schon relativ groß, während die 124 Kilometer zwischen Hamburg und Bremen in Tabelle 2 noch relativ klein sind.

Derartige Distanzmaße verwendet man dann unter anderem als Input für statistische Verfahren wie die sogenannte *Clusteranalyse*, die Sie im Studium kennen lernen werden, mit denen man – in diesem Beispiel – in möglichst passender Weise Cluster (Gruppen) ähnlicher Arbeitsamtsbezirke bilden kann. Dabei würden dann Hamburg und Bremen in einer Gruppe landen und Frankfurt und München in einer anderen. Damit können Sie schließlich sinnvolle arbeitsmarktpolitische Strategien für Gruppen ähnlicher Arbeitsamtsbezirke entwickeln, und Ihre Chefs freuen sich über Qualität *und* Tempo Ihrer Arbeit.

Was ist in diesem Kapitel geschehen? Wieder wurde eine relevante wirtschaftswissenschaftliche Frage (die Zusammenfassung von Regionen in Gruppen ähnlicher Regionen zur effizienten Entwicklung angemessener arbeitsmarktpolitischer Strategien) durch Beschränkung auf wenige wichtige Variablen beantwortbar gemacht. Dann wurde durch präzise Fragestellung, d.h. durch Beantwortung der W-Fragen, eine möglichst präzise Antwort ermöglicht. Das Verfahren zur Beantwortung der Frage wurde schließlich durch Übertragung des mathematischen Prinzips der Abstandsmessung auf die interessierende Frage (Verschiedenheit von Arbeitsamtsbezirken) gewonnen.

Wie schon erwähnt, werden Distanzmaße in sehr vielen Bereichen der Wirtschaftswissenschaft angewendet. Zwei weitere Beispiele? Im Marketing interessiert man sich zur Entwicklung von Werbestrategien für Gruppen ähnlicher Städte (hinsichtlich ihrer Kundenstruktur). In der Versicherungswirtschaft versucht man zur Unfallvermeidung Gruppen ähnlicher Verkehrsunfälle zu finden (hinsichtlich der Anzahl der Verletzten, des Straßentyps, des Wochentags, der Tageszeit, des Alters des Fahrzeugführers etc.). Mit den gleichen Methoden wie eben und präzisen Fragen lassen sich derartige Probleme auch bearbeiten.

# Kapitel 11

# Wo fehlt's Ihnen denn?

Sie meinen, ich habe genug aufgefahren, um Sie zu überzeugen, dass Wirtschaftswissenschaftler Mathe brauchen, um zu rechnen und um zu verstehen. Gut! Sie wollen sich nun wirklich anstrengen, um all das aufzuarbeiten, was Sie die letzten Jahre in Mathe nicht ernst genommen haben. Sehr gut! Sie möchten jetzt aber wissen, wo Sie anfangen sollen. In schweren Fällen beim elementaren mathematischen Stoff der Mittelstufe!

Wenn man sich die Klausuren in Mathematik und in Statistik, aber auch in anderen Fächern ansieht, kommt eigentlich immer wieder deutlich heraus, dass die Studierenden, die wirklich nicht rechnen können, in Klausuren durchfallen. Was heißt ‚nicht rechnen können‘? Das heißt, wie in Kapitel 1 schon berichtet, dass es massiv an elementaren Kenntnissen aus den Bereichen Klammerrechnung, Bruchrechnung, Potenzrechnung, Wurzelrechnung und Gleichungsumformungen fehlt.

Dieser Mangel sorgt zum einen dafür, dass die Studierenden den Vorlesungen nicht folgen können, wenn dort zur Erläuterung ein paar Formeln eingesetzt werden (und das wird geschehen). Im Zusammenspiel mit dem typischen ziemlich hohen Tempo einer Uni-Vorlesung sorgt das dann dafür, dass in manchen Vorlesungen die Hörsäle schnell leer werden (und das Problem ist, dass diejenigen, die gehen, dadurch nicht schlauer werden). Ich erinnere mich noch genau an eine der ersten Übungen, die ich vor über 20 Jahren im Grundstudium in Statistik gehalten habe. Damals wollte ich ‚nur kurz' ein statistisches Verfahren aus der Vorlesung wiederholen und habe einige Zeit gebraucht, um festzustellen, dass mehr als 50 % der Zuhörer schon bei der ersten Rechnung hängen geblieben waren, weil sie eine einfache Umformung mit Potenzregeln nicht verstanden hatten.

Zum anderen sorgt der oben erwähnte Mangel an elementaren mathematischen Kenntnissen dafür, dass die Studierenden in den Klausuren nicht die Noten erzielen, die sie gerne hätten, oder sogar durchfallen. Das liegt daran, dass sie, selbst wenn sie die neuen ökonomischen, statistischen oder mathematischen Verfahren aus der Vorlesung vielleicht verstanden haben, diese nicht ‚unfallfrei' anwenden können, weil sie schon bei einfachen Rechnungen grobe Fehler machen. Im Tennis würde man von ‚unforced errors' sprechen. Ich erinnere mich an eine Kollegin, die mir entsetzt berichtete, dass 70 % der Klausurteilnehmer eine bestimmte Aufgabe in der Mikroökonomie-Klausur nicht lösen konnten, weil sie (für $x + y \neq 0$)

$$\frac{x^2 + y^2}{x + y} \stackrel{?}{=} x + y \qquad (11.1)$$

geschrieben hatten. Das Fragezeichen auf dem Gleichheitszeichen bedeutet, dass diese Umformung vielleicht keine gute Idee ist. Sie überlegen schon einmal, warum sie falsch ist. Gleich gibt es noch mehr Stoff zum Grübeln.

Die Mathematik in der Ökonomie ist ein Teil Ihres Handwerkszeugs, so wie Hammer, Bohrer und anderes für einen Handwerker. In einer Tischlerlehre können Sie lernen, wie man Treppen, Küchenschränke oder Regale baut. Wenn Sie aber zum n-ten Male den Hammer auf Ihren Daumen schlagen, den Holzbohrer in der Wand ruinieren oder mit dem Kreuzschraubendreher eine Schlitzschraube bearbeiten, wird der Meister irgendwann beschließen, dass es keinen Sinn hat, Sie in den Bau von schönen Treppen, Küchenschränken oder Regalen einzuweisen, weil Sie das einfache Handwerkszeug nicht bedienen können.

Klammern, Brüche, Potenzen, Gleichungen, Funktionen, Logarithmen, Ableitungen etc. sind für Wirtschaftswissenschaftler das, was Hammer, Bohrer, Schraubendreher, Hobel etc. für Tischler sind. Kein Tischler käme, glaube ich, auf die Idee, dass die Bedienung eines Bohrers spannend oder cool sein muss. Das fertige Möbelstück zu sehen, dass macht ihn aber (hoffentlich) zufrieden oder stolz. Mathematisches Handwerkszeug müssen Sie auch nicht spannend oder cool finden. ‚Unfallfrei' bedienen können müssen Sie es aber, um damit spannende ökonomische Aufgaben erledigen zu können (von denen Sie in diesem Buch ein paar Beispiele gesehen haben), was Sie dann (hoffentlich) stolz oder zufrieden macht. Und genauso wie Hammer, Bohrer etc. vielen Handwerkern (nicht nur Tischlern) nützen, ist mathematisches Handwerkszeug auch vielen Wissenschaftlern eine große Hilfe.

Sie wollen nun noch ein paar einfache Testaufgaben, um zu sehen, wie schlecht es um Ihre mathematischen Fähigkeiten bestellt ist? Hier sind sie:

1. Zunächst gibt es aus über 20 Jahren Klausurkorrekturen ein paar Klassiker falscher Umformungen – oder auch nicht? Prüfen Sie, ob die folgenden Operationen mit Fragezeichen korrekt sind. Bei Gefallen finden Sie mehr davon in Tietze (2009).

    a) $-y^2 \stackrel{?}{=} (-y)^2$

    b) $2x - (x+y) \stackrel{?}{=} 2x - x + y$

    c) $-(a+b)^2 \stackrel{?}{=} (-a-b)^2$

    d) $3(a+b)^2 \stackrel{?}{=} (3a+3b)^2$

    e) $a + bc^d \stackrel{?}{=} (a+b)c^d \stackrel{?}{=} (a+bc)^d$

    f) $\sqrt{x^2 - y^2} \stackrel{?}{=} \sqrt{x^2} - \sqrt{y^2}$ mit $|x| > |y|$

    g) Für $a + b \neq 0$ und $5a + 7b \neq 0$:
    $$\frac{5x + 7y}{5a + 7b} \stackrel{?}{=} \frac{x+y}{a+b}$$

    h) Für $x, a, b \neq 0$ und $a + b \neq 0$:
    $$\frac{1}{x} = a + b \stackrel{?}{\iff} x = \frac{1}{a} + \frac{1}{b}$$

    i) $1{,}2 = 1 + \dfrac{p}{100} \stackrel{?}{\iff} 120 = 1 + p$

j) $x^2 + x = 0 \stackrel{?}{\Rightarrow} x + 1 = 0 \Rightarrow x = -1$

k) Für $a \neq 0$:

$$a^2 - a^2 \stackrel{?}{=} \left\{ \begin{array}{c} a(a-a) \\ (a+a)(a-a) \end{array} \right\}$$

$$\stackrel{?}{\Rightarrow} a(a-a) = (a+a)(a-a)$$

$$\stackrel{?}{\Rightarrow} a = a + a = 2a \stackrel{?}{\Rightarrow} 1 = 2$$

2. Nun sollen Sie nur berechnen oder vereinfachen:

a) $\dfrac{a+2}{a-2} + \dfrac{a-2}{a+2}$ mit $a \neq \pm 2$,

b) $\dfrac{a+a^2}{1-a^2}$ mit $a \neq \pm 1$,

c) $(x^3)^2$,

d) $\sqrt{\sqrt{a}}$ mit $a \geq 0$,

e) $\dfrac{x^{1/4}}{4x^{-3/4}}$ mit $x > 0$.

3. Folgende Gleichungen sollen Sie nach $x$ auflösen:

a) $y = \dfrac{cx - d}{ax - b}$ mit $a \neq 0$, $x \neq \frac{b}{a}$ und $y \neq \frac{c}{a}$,

b) $y = 10 - 10\sqrt{x-1}$ mit $x \geq 1$.

Das waren ein paar Testaufgaben zu den absolut grundlegenden Themen Klammerrechnung, Bruchrechnung, Potenzrechnung, Wurzelrechnung und Gleichungsumformungen. Wenn Sie weitere Aufgaben möchten, finden Sie diese zum Beispiel in Adams et al. (2008) oder Cramer und Neslehova (2009). Dort finden Sie dann auch Aufgaben zu weiteren grundlegenden Themen wie Ungleichungen, dem binomischen Satz, Beträgen, Nullstellen, Exponential- oder Logarithmusfunktionen und Ableitungen. Wenn Sie also schon etwas mehr nachbereiten oder vorarbeiten wollen, haben Sie damit ausreichend Gelegenheit. Nun kommen aber die Lösungen. Auch hier gilt: Erst selbst rechnen, dann nachschauen. Denn nur selber rechnen macht schlau.

Zunächst stand in (11.1) eine zweifelhafte Umformung. Leider gilt
$$\frac{x^2 + y^2}{x + y} \neq x + y.$$

Warum? Setzen Sie doch (fast) beliebige Zahlen ein, etwa $x = 1$ und $y = 2$, dann folgt
$$\frac{1+4}{1+2} = \frac{5}{3} \neq 1 + 2 = 3.$$

Etwas anderes wäre aber die Gleichung
$$\frac{(x+y)^2}{x+y} = x + y.$$

In dieser könnte man nämlich den Faktor $x+y$ kürzen, und nur gemeinsame Faktoren von Zähler und Nenner lassen sich in Brüchen kürzen. Außerdem kann man mit der ersten binomischen Regel sehen, was dem armen Zählerterm in (11.1) zum Kürzen fehlt:
$$\frac{(x+y)^2}{x+y} = \frac{x^2 + 2xy + y^2}{x+y}.$$

Nun folgen die Lösungen zu den weiteren Aufgaben in gleicher Nummerierung:

1. a) Es gilt
$$-y^2 \neq (-y)^2,$$
weil Potenzen noch stärker binden als die Multiplikation (mit $-1$), also das Vorzeichen, und weil die Klammer – das ist ihr Job – diese Bindung ‚bricht'. Setzen Sie eine (fast) beliebige Zahl ein, beispielsweise $y = 2$, dann folgt
$$-2^2 = -4 \neq (-2)^2 = 4.$$

b) Wieder gilt
$$2x - (x + y) \neq 2x - x + y,$$
denn das Minuszeichen vor der Klammer gilt für alle Terme in der Klammer. Richtig ist also
$$2x - (x + y) = 2x - x - y.$$

c) Hier ist aber auch alles falsch! Wieder gilt
$$-(a + b)^2 \neq (-a - b)^2,$$
weil links das Vorzeichen erst nach der Potenzierung wirkt, während es rechts in der Klammer mit poten-

ziert wird, also verschwindet. Setzen Sie (fast) beliebige Zahlen ein, etwa $a = 1$ und $b = 2$, dann folgt

$$-(1+2)^2 = -9 \neq (-1-2)^2 = 9.$$

d) Wiederum ist

$$3(a+b)^2 \neq (3a+3b)^2,$$

da links erst nach der Potenzierung mit drei multipliziert wird, während drei rechts in der Klammer mit potenziert wird. Richtig, aber nicht hübscher, wäre also zum Ausgleich der Potenzierung

$$3(a+b)^2 = (\sqrt{3}a + \sqrt{3}b)^2.$$

e) Potenzrechnung geht vor Punktrechnung geht vor Strichrechnung. Daher sind alle Umformungen falsch:

$$a + bc^d \neq (a+b)c^d \neq (a+bc)^d.$$

Wieder bricht die Klammer jeweils die Bearbeitungsreihenfolge. Zur Beruhigung für ‚Ungläubige' mit ein paar (fast) beliebigen Zahlen $a = 1$, $b = 4$, $c = 3$ und $d = 2$:

$$1 + 4 \cdot 3^2 = 1 + 4 \cdot 9 = 37,$$
$$(1+4)3^2 = 5 \cdot 9 = 45,$$

$$(1 + 4 \cdot 3)^2 = 13^2 = 169.$$

f) Sie ahnen es schon – wieder falsch:
$$\sqrt{x^2 - y^2} \neq \sqrt{x^2} - \sqrt{y^2}.$$

Zur Beruhigung als Beispiel die (fast) beliebig gewählten Zahlen $x = 9$, $y = 4$:

$$\sqrt{9^2 - 4^2} = \sqrt{65} \neq \sqrt{9^2} - \sqrt{4^2} = 5.$$

g) Das wusste hoffentlich jeder (na ja – dann stünde es hier nicht):
$$\frac{5x + 7y}{5a + 7b} \neq \frac{x + y}{a + b}.$$
Aus Summen in Brüchen kann man nicht einfach kreuz und quer herumkürzen, denn (s. o.) nur gemeinsame Faktoren von Zähler und Nenner lassen sich in Brüchen kürzen. Zur Erhellung der Übrigen wieder ein (fast) beliebiges Zahlenbeispiel mit $x = b = 1$ und $y = a = 2$:

$$\frac{5 \cdot 1 + 7 \cdot 2}{5 \cdot 2 + 7 \cdot 1} = \frac{19}{17} \neq \frac{1 + 2}{2 + 1} = 1.$$

h) Jetzt nähern wir uns den härteren Fällen, zunächst bei der Umformung von Gleichungen, einem ganz dunklen Kapitel der in Klausuren offenbarten mathematischen

Kenntnisse. Zur Überraschung aller gilt

$$\frac{1}{x} = a + b \not\Longleftrightarrow x = \frac{1}{a} + \frac{1}{b}.$$

Warum? Ich wiederhole einen sehr wichtigen Absatz aus Kapitel 6, denn den kann man nicht oft genug wiederholen: Gleichungen heißen Gleichungen, weil auf beiden Seiten das Gleiche steht. Deswegen dürfen Sie diese Gleichungen auf alle möglichen Arten umformen, sofern diese Umformungen definiert sind und Sie diese Umformungen auf beide *vollständigen* Gleichungsseiten (aber nicht auf einzelne Terme) anwenden. Dann bleibt die Gleichung richtig. Das ist aber hier verletzt worden, weil einzelne Kehrwerte gebildet wurden. Richtig ist also

$$\frac{1}{x} = a + b \iff 1 = x(a+b) \iff x = \frac{1}{a+b}.$$

i) Wieder gilt

$$1,2 = 1 + \frac{p}{100} \not\Longleftrightarrow 120 = 1 + p$$

und wieder zitiere ich den eben erwähnten Absatz über Gleichungen. Warum? Weil nicht auf beiden Seiten der rechten Gleichung das Gleiche gemacht wurde, sondern eins bei der Multiplikation mit 100 vergessen wurde.

Richtig ist also:

$$1{,}2 = 1 + \frac{p}{100} \Leftrightarrow 120 = 100 + p.$$

j) Jetzt kommen wir zu einem noch ernsteren Problem, der (unbemerkten) Division durch null. Wieder ist die fragliche Umformung falsch:

$$x^2 + x = 0 \not\Rightarrow x + 1 = 0 \Rightarrow x = -1.$$

Der Grund ist, dass dort einfach durch $x$ geteilt wurde, obwohl $x$ auch null sein könnte. Das bedeutet erstens, dass diese Division (unter Einschluss von $x = 0$) nicht definiert war. Zweitens haben Sie damit eine Lösung der Ausgangsgleichung, nämlich $x = 0$, vernichtet, indem Sie den zugehörigen Linearfaktor $x = x - 0$ herausgekürzt haben.

Richtig wäre folgender Weg:

$$x^2 + x = x(x+1) = 0 \Rightarrow \begin{cases} x_1 = 0, \\ x_2 = -1. \end{cases}$$

k) Jetzt kommt die große Sensation: In dieser schrägen Rechnung war nur eine Operation falsch. Der Rest war richtig. Am Beginn schreiben Sie nur null ein bisschen seltsam, aber legal hin und formen das dann ebenso seltsam, aber legal durch Ausklammern oder nach der dritten binomischen Regel um:

$$0 = a^2 - a^2 = \left\{ \begin{array}{c} a(a-a) \\ (a+a)(a-a) \end{array} \right\}.$$

Diese beiden umständlichen, aber legalen Versionen von null werden nun ganz korrekt gleichgesetzt:

$$\Rightarrow a(a-a) = 0 = (a+a)(a-a).$$

Doch nun geschieht es. Gleich steht plötzlich nicht mehr $0 = 0$ da, sondern auf beiden Seiten (wegen $a \neq 0$) eine Größe, die ungleich null ist. Wo ist der Fehler? Es wird durch $a - a = 0$ geteilt, was aus gutem Grund verboten ist, weil man dadurch alles ‚zeigen' kann, wie am Ende zu sehen ist. Der letzte Schritt (Division durch $a \neq 0$) ist hingegen wieder völlig in Ordnung – das Endergebnis natürlich nicht, aber das liegt an dem früheren Fehler:

$$\not\Rightarrow a = a + a = 2a \Rightarrow 1 = 2.$$

Solche unbemerkten Divisionen durch null sind bei Nullstellenberechnungen das größte Problem und sorgen ohne ausreichende Vorwarnung in Klausuren für Fehlerquoten von mehr als 90 %!

2. a) Nun brauchen Sie Bruchrechnung und alle drei binomischen Regeln:
$$\frac{a+2}{a-2} + \frac{a-2}{a+2}$$
$$= \frac{(a+2)(a+2)}{(a-2)(a+2)} + \frac{(a-2)(a-2)}{(a+2)(a-2)} = \frac{(a+2)^2}{a^2-4} + \frac{(a-2)^2}{a^2-4}$$
$$= \frac{a^2+4a+4+a^2-4a+4}{a^2-4} = \frac{2a^2+8}{a^2-4}.$$

b) Jetzt brauchen Sie die dritte binomische Regel:
$$\frac{a+a^2}{1-a^2} = \frac{a(1+a)}{(1-a)(1+a)} = \frac{a}{1-a}.$$

c) Hier brauchen Sie die oft vergessene Potenzregel (6.4):
$$(x^3)^2 = x^{3\cdot 2} = x^6.$$

d) Nun müssen Sie Potenzen in Wurzeln umformen können und Potenzregel (6.4) kennen:
$$\sqrt{\sqrt{a}} = (a^{1/2})^{1/2} = a^{1/4} = \sqrt[4]{a}.$$

e) Jetzt brauchen Sie den Spezialfall der Potenzregel (6.3) mit $x = 0$:
$$\frac{a^0}{a^y} = \frac{1}{a^y} = a^{-y} \quad \text{mit} \quad a \neq 0. \tag{11.2}$$

Diese Regel kann man sich vielleicht besser in Worten merken: „Ein Wechsel zwischen Zähler und Nenner bewirkt einen Vorzeichenwechsel der Potenz." Außerdem ist zu beachten, dass der Faktor vier mit der Potenz $-3/4$ nichts zu tun hat („Potenzrechnung geht vor Punktrechnung"). Am Ende geht noch Potenzregel (6.2) ein:
$$\frac{x^{1/4}}{4x^{-3/4}} = \frac{1}{4}x^{1/4}x^{3/4} = \frac{1}{4}x.$$

3. a) Nun kommen wir noch einmal zur Umformung von Gleichungen, einem – wie gesagt – ganz dunklen Kapitel der in Klausuren offenbarten mathematischen Kenntnisse:
$$y = \frac{cx-d}{ax-b} \Rightarrow yax - yb = cx - d$$
$$\Rightarrow yax - cx = yb - d$$
$$\Rightarrow x(ya-c) = yb - d \Rightarrow x = \frac{yb-d}{ya-c}.$$

b) Und zum Schluss:
$$y = 10 - 10\sqrt{x-1} \Rightarrow 10\sqrt{x-1} = 10 - y$$
$$\Rightarrow \sqrt{x-1} = 1 - \frac{y}{10} \Rightarrow x - 1 = \left(1 - \frac{y}{10}\right)^2$$
$$\Rightarrow x = \left(1 - \frac{y}{10}\right)^2 + 1.$$

Sie haben alle Aufgaben (vielleicht bis auf ein, zwei Flüchtigkeitsfehler) schnell und richtig gelöst und fanden, dass meine Erläuterungen zu den Lösungen Kindergarten-Niveau hatten? Das freut mich! Dann werden Sie auch mit weitergehenden elementaren Aufgaben zu Themen wie Ungleichungen, dem binomischen Satz, Beträgen, Nullstellen, Exponentialfunktionen, Logarithmusfunktionen und Ableitungen keine Schwierigkeiten haben.

Sie haben bei einigen Aufgaben länger gegrübelt? Sie haben mehr als ein, zwei Aufgaben falsch gelöst? Bei einigen Erläuterungen haben Sie „Ach, so ist das!" gemurmelt und noch einmal gründlich nachgerechnet? Dann gehören Sie leider zur Mehrheit der SchülerInnen und Studierenden, die mit grundlegendem mathematischem Handwerkszeug ihre Schwierigkeiten haben, die sich bei weitergehenden elementaren und nicht-elementaren Verfahren fortsetzen werden. Sie sollten mit Büchern wie Adams et al. (2008), Cramer und Neslehova (2009), Kemnitz (2009) oder Purkert (2008) schnellstens beginnen, Ihre Löcher zu stopfen, damit Sie nicht von der ersten Semesterwoche an in mathematischer ‚Seenot' sind.

Ein Mathematiklehrer sagte mir einmal, dass die Schülerinnen und Schüler nur noch in der Lage sind, von Arbeit zu Arbeit zu pauken, um das Gelernte danach wieder aus dem Gedächtnis zu entfernen, damit Platz für Neues ist. Es kann sein, dass manche Schulreformen zu diesem Zustand beigetragen haben. Es kann auch sein, dass manche Teile der Bachelorreformen dieses Problem ebenso auf die ersten Semester des Bachelorstudiums übertragen haben. Studentische Fachschaften sprechen hier sehr plastisch vom

‚Bulimie-Lernen'.

Während Sie aber im Gymnasium noch in jeder Woche ein ziemlich breites und meist unzusammenhängendes Fachspektrum verdauen müssen (das würde nur durch Projektlernen zu verbessern sein), ist im Studium alles doch schon deutlich konzentrierter, in diesem Fall auf die Wirtschaftswissenschaften (in denen wegen der Formalisierung bloßes Auswendiglernen oft weniger erforderlich ist). Auch alle Hilfsdisziplinen (wie Mathematik und Statistik) sind auf dieses Fach zugeschnitten. Dieses erleichtert die dringende Erfordernis, ein ‚Wissens-Netz' zu weben, um auf den ersten Blick unzusammenhängende Konzepte aus Mathematik, Statistik oder Mikroökonomie einordnen zu können. Ohne dieses Netz sind Sie nämlich nicht in der Lage, sich in späteren Semestern und nach dem Studium benötigte Konzepte zu merken. Dieses Buch soll Ihnen auch helfen, dieses Netz für sich schnell stricken zu können. Mathematik spielt beim Aufbau dieses Netzes eine wesentliche Rolle. Wenn Sie schon einmal schnuppern wollen, nehmen Sie zum Beispiel Luderer und Würker (2009), Matthäus und Matthäus (2010) oder Pfuff (2009) zur Hand.

# Kapitel 12

# Das war alles?

Wir kehren noch einmal zu den Leserinnen und Lesern zurück, die möchten, dass in den Wirtschaftswissenschaften viel gerechnet wird. Wenn schon, denn schon! Bisher haben Sie einige Beispiele gesehen, wie Sie mit aus der Schule schon bekannten mathematischen Verfahren ökonomische Probleme bearbeiten können. Kann man an der Uni in der Mathematik-Vorlesung nicht noch mehr lernen? Doch, doch! Es folgt eine kleine Auswahl weiterer mathematischer Verfahrungen mit Anwendungen in den Wirtschaftswissenschaften. Sie werden in Ihrem Studium

- Zufallsereignisse (etwa das Ereignis, dass der Gewinn des von Ihnen beratenen Betriebs im nächsten Monat steigt) in der Statistik als Mengen definieren, mit solchen Mengen rechnen und dann Wahrscheinlichkeiten für solche als Mengen identifizierte Ereignisse berechnen,

- mit Ungleichungen in der Statistik sogenannte Konfidenzintervalle berechnen, die angeben, mit welcher Wahrschein-

## Das war alles? 139

lichkeit zum Beispiel der Gewinn des von Ihnen beratenen Betriebs im nächsten Monat zwischen 0 % und 5 % steigt,

- mit Folgen und Reihen in der Finanzmathematik viele Formeln zur Kapitalverzinsung, zur Diskontierung (siehe Kapitel 5), zur Rentenrechnung, zur Tilgungsrechnung etc. herleiten und anwenden,

- mit Grenzwerten das asymptotische Verhalten von Folgen, Reihen und Funktionen untersuchen, auch um damit viele Folgen, Reihen und Funktionen zu vereinfachen (das kennen Sie doch irgendwoher),

- Funktionen mehrerer Variablen kennen lernen, etwa um damit Substitutionsmöglichkeiten zu untersuchen, beispielweise die Frage, wie weit man zur Produktion einer gewünschten Menge an Schokolade Arbeitskräfte zur Kostensenkung durch Maschinen ersetzen kann,

- nummerische Verfahren (für PC-Programme) kennen lernen, mit deren Hilfe man unter anderem Optimierungsprobleme am PC schneller lösen kann,

- Wachstumsraten (etwa für das deutsche Bruttoinlandsprodukt) berechnen,

- mit der Integralrechnung in der Statistik Wahrscheinlichkeiten berechnen,

- große Datenmengen in Matrizen zusammenfassen und dann damit rechnen, etwa in der Regressionsanalyse (siehe Kapitel 3),

- mit eindeutig und mehrdeutig lösbaren linearen Gleichungs- und Ungleichungssystemen Lagerhaltungs- und Transportprobleme lösen, um beispielsweise herauszufinden, wie ein städtischer Abfallwirtschaftsbetrieb Kosten sparen (und damit Gebühren senken) kann, indem er mit möglichst wenigen Fahrzeugen (also möglichst wenigen Mitarbeitern) auf kürzesten Wegen (also möglichst schnell) alle zu leerenden Mülltonnen leert.

Und all das – Sie ahnen es – ist nur eine kleine Auswahl.

Nun bekommt bestimmt wieder eine andere Lesergruppe kalte Füße und will etwas anderes, einfacheres studieren, nämlich diejenigen, die zwar VWL oder BWL mögen, aber beim Anblick einer Formel Panikattacken bekommen. Keine Angst! Ganz ruhig! Es gibt doch die Vorlesungen, in denen Ihnen alles Nötige der Reihe nach gut erklärt wird. Außerdem wissen Sie jetzt, warum Sie Mathe brauchen. Wirtschaftswissenschaften sind spannend und wichtig. Sie haben mittlerweile eine Reihe wichtiger Fragen kennen gelernt, die Wirtschaftswissenschaftler beantworten. Wer ein bisschen mehr – und das ohne viele Formeln – lesen möchte, was Wirtschaftswissenschaftler untersuchen, der schaue in Siebert und Lorz (2007) nach.

Wirtschaftswissenschaftliche Kenntnisse sind von grundlegender Bedeutung, um zahlreiche Aspekte unserer Gesellschaft zu verstehen und angemessen zu entscheiden. Ob Sie in Ihrem eigenen Haushalt, einem kleinen Sportverein, einer kleinen oder großen Firma, einer Bank oder in der Politik Entscheidungen treffen müssen, ökonomisches Verständnis hilft ungemein. Es geht immer um menschliches Entscheidungsverhalten unter Unsicherheit und angesichts knapper Mittel: Sollte mein Betrieb eine große Werbeaktion zur Ankurbelung der Nachfrage starten oder lieber durch Personaleinsparung Kosten senken? Sollte die Landesregierung einen gewissen Geldbetrag für ein paar zusätzliche Lehrer oder für einen neuen Deich ausgeben? Ist es effizienter und/oder gerechter, Kindergartenplätze oder Studienplätze kostenfrei anzubieten (und wenn beides, zu Lasten welcher anderen Haushaltsposition)?

Immer spielen gewisse ökonomische Grunderkenntnisse eine wesentliche Rolle. Eine davon ist, dass Menschen auf Anreize reagieren. Wenn etwa die Arbeitslosenhilfe sinkt (ob das sinnvoll ist, ist eine andere ökonomische Frage), dann nehmen Arbeitslose auch schlechter bezahlte Jobs an. Durch Besteuerung umweltschädlicher Produkte kann man erreichen, dass Konsumenten zu umweltfreundlicheren Produkten wechseln. Wenn aber die Anreize von Maßnahmen im Betrieb, in der Politik oder wo auch immer nicht ausreichend durchdacht werden, kann das Gegenteil dessen erreicht werden, was man erreichen möchte.

Ein gut gemeinter verschärfter Kündigungsschutz für Risikogruppen kann dazu führen, dass Unternehmer Personen aus dieser Risikogruppe einfach nicht mehr einstellen (weil das Risiko steigt, auch sachlich durchaus begründete Kündigungen dieser Mitarbeiter nicht mehr durchsetzen zu können). Verschärfte Kontrollen der Mitarbeiter im Betrieb (damit diese produktiv arbeiten oder nichts stehlen) können dazu führen, dass diese Mitarbeiter Dienst nach Vorschrift machen (also unproduktiver werden) oder gar kündigen. Ein höherer Lohn als der Tariflohn kann dazu führen, dass Mitarbeiter sich mehr einsetzen, als sie müssten, dass also der Nutzen durch deren höhere Produktivität die Kosten durch die höheren Löhne mehr als ausgleicht (Prinzip des Geschenk-Austauschs).

Natürlich gibt es regelmäßig Leute, die die Ökonomisierung der Gesellschaft beklagen. Für die ist Ökonomie das, was für die Formel-Hasser Mathe ist. Diese Leute wollen meistens nur, dass alles bleibt, wie es ist, ohne sich darum zu kümmern, was effizient, gerecht oder überhaupt bezahlbar ist. Sie wollen einfach wichtige ökonomische Erkenntnisse nicht wahrhaben. Genauso wie man aber nicht ein Haus unter Missachtung physikalischer Erkenntnisse bauen kann, kann man nicht politische oder betriebliche Entscheidungen unter Missachtung wirtschaftswissenschaftlicher Erkenntnisse treffen. Physikalische und ökonomische Prinzipien verschwinden nicht dadurch, dass man sie ignoriert. Die Physik bzw. Ökonomie ist stärker. Man sollte besser unter Beachtung wirtschaftswissenschaftlicher Regeln handeln und Anreize setzen, um die gewünschten Ziele zu erreichen.

Leute, die behaupten, dass sie auch ohne ökonomische Modelle im Hinterkopf tolle Entscheidungen treffen können, haben meist ziemlich einfache Modelle (mit nur einer erklärenden Variablen, also ohne Kontrolle der Wechselwirkungen mit anderen Variablen wie in Kapitel 3) im Kopf, die dann zu Stammtischparolen wie „Wir brauchen einen Mindestlohn von 10 €, da er Kaufkraft schafft" oder „Immigranten nehmen unsere Arbeitsplätze weg" führen.

Also in einem Satz: Wirtschaft ist spannend und wichtig, dazu braucht man Mathe, und Sie schaffen das! Wer aber statt dieser Sinn-Anreize lieber finanzielle Anreize sehen möchte, dem sei gesagt, dass Sie mit quantitativen Studiengängen auch im Durchschnitt bessere Arbeitsmarktaussichten haben, also höhere Löhne erwarten können, ein geringeres Arbeitslosigkeitsrisiko haben und auch eher Jobs finden, in denen Sie das gebrauchen können, was Sie im Studium gelernt haben. Daher lohnt es sich auch finanziell, die Formelangst zu bekämpfen. Die neuesten Zahlen zu Arbeitsmarktaussichten finden Sie übrigens im Internet unter www.his.de und www.lohnspiegel.de.

Damit haben wir also alles geklärt, oder? Sie nehmen ab sofort Mathe ernst und üben fleißig. Dann sehen wir uns demnächst im Studium. Wenn Sie noch Fragen haben, können Sie mir gerne eine Mail schicken. Bis dann!

# Literatur

Adams, Gabriele; Kruse, Hermann-Josef; Sippel, Diethelm; Pfeiffer, Udo: *Mathematik zum Studieneinstieg*. 5. Aufl. Berlin: Springer-Verlag, 2008.

Adelmeyer, Moritz; Warmuth, Elke: *Finanzmathematik für Einsteiger. Von Anleihen über Aktien zu Optionen*. 2. Aufl. Wiesbaden: Vieweg, 2005.

Albrecht, Helmut: *Warum Elefanten dicke Beine haben: Mathematik zum Schmunzeln und Staunen*. Books on Demand, 2009.

Beutelspacher, Albrecht: „*In Mathe war ich immer schlecht...*". 5. Aufl. Wiesbaden: Vieweg+Teubner, 2009.

Beutelspacher, Albrecht: *Pasta all'infinito: Meine italienische Reise in die Mathematik*. 5. Aufl. Wiesbaden: Vieweg+Teubner, 2008.

Biermann, Katja; Grötschel, Martin; Lutz-Westphal, Brigitte: *Besser als Mathe. Moderne angewandte Mathematik aus dem MATHEON zum Mitmachen*. Wiesbaden: Vieweg+Teubner, 2010.

Box, George E. P.; Draper, Norman R.: *Empirical Model-Building and Response Surfaces*. Wiley, 1987.

Büning, Herbert: Breites Angebot an falschen Lösungen. Mathematikkenntnisse von Studienanfängern im Test. In: *Forschung und Lehre* Nr. 11, 2004, S. 618-620.

Chalmers, Alan F.: *Wege der Wissenschaft.* 2. Aufl. Berlin: Springer, 1989.

Cramer, Erhard; Neslehova, Johanna: *Vorkurs Mathematik.* 4. Aufl. Berlin: Springer, 2009.

Kemnitz, Arnfried: *Mathematik zum Studienbeginn. Grundlagenwissen für alle technischen, mathematisch-naturwissenschaftlichen und wirtschaftswissenschaftlichen Studiengänge.* 8. Aufl. Wiesbaden: Vieweg+Teubner, 2009.

Lucas, Robert E.: *Professional Memoir.* 2001. URL: http://home. uchicago.edu/~sogrodow/homepage/memoir.pdf, zugegriffen am 10.09.2010.

Luderer, Bernd; Würker, Uwe: *Einstieg in die Wirtschaftsmathematik.* 7. Aufl. Wiesbaden: Vieweg+Teubner, 2009.

Matthäus, Heidrun; Matthäus, Wolf-Gert: *Mathematik für BWL-Bachelor. Schritt für Schritt mit ausführlichen Lösungen.* 2. Aufl. Wiesbaden: Vieweg+Teubner, 2010.

Pfuff, Franz: *Mathematik für Wirtschaftswissenschaftler kompakt. Kurz und verständlich mit vielen einfachen Beispielen.* Wiesbaden: Vieweg+Teubner, 2009.

Purkert, Walter: *Brückenkurs Mathematik für Wirtschaftswissenschaftler.* 6. Aufl. Wiesbaden: B.G. Teubner, 2008.

Saint-Exupéry, Antoine de: *Die Stadt in der Wüste (Citadelle).* Düsseldorf: Karl-Rauch-Verlag, 1969.

Schira, Josef: *Statistische Methoden der VWL und BWL.* München: Pearson Studium, 2003.

Siebert, Horst; Lorz, Oliver: *Einführung in die Volkswirtschaftslehre.* 15. Aufl. Stuttgart: Kohlhammer, 2007.

Stewart, Ian: *Die wunderbare Welt der Mathematik.* 3. Aufl. München: Piper, 2007.

Sydsæter, Knut; Hammond, Peter: *Mathematik für Wirtschaftswissenschaftler. Basiswissen mit Praxisbezug.* 3. Aufl. München: Pearson Studium, 2009.

Tietze, Jürgen: *Einführung in die angewandte Wirtschaftsmathematik.* 15. Aufl. Wiesbaden: Vieweg, 2009.

## Studienbücher — Wirtschaftsmathematik

C. Cottin | S. Döhler
**Risikoanalyse**

S. Dempe | H. Schreier
**Operations Research**

A. Göpfert | T. Riedrich | C. Tammer
**Angewandte Funktionalanalysis**

W. Grundmann | B. Luderer
**Finanzmathematik, Versicherungsmathematik, Wertpapieranalyse – Formeln und Begriffe**

A. Irle | C. Prelle
**Übungsbuch Finanzmathematik**

M. Kolonko
**Stochastische Simulation**

B. Luderer | C. Paape | U. Würker
**Arbeits- und Übungsbuch Wirtschaftsmathematik**

B. Luderer (Hrsg.)
**Die Kunst des Modellierens**

B. Luderer | U. Würker
**Einstieg in die Wirtschaftsmathematik**

B. Luderer | K.-H. Eger
**Klausurtraining Mathematik und Statistik für Wirtschaftswissenschaftler**

B. Luderer | V. Nollau | K. Vetters
**Mathematische Formeln für Wirtschaftswissenschaftler**

H. Matthäus | W.-G. Matthäus
**Mathematik für BWL-Bachelor**

H. Matthäus | W.-G. Matthäus
**Mathematik für BWL-Master**

H. Matthäus | W.-G. Matthäus
**Mathematik für BWL-Bachelor: Übungsbuch**

J.-D. Meißner | T. Wendler
**Statistik-Praktikum mit Excel**

K. Neusser
**Zeitreihenanalyse in den Wirtschaftswissenschaften**

K. M. Ortmann
**Praktische Lebensversicherungsmathematik**

F. Pfuff
**Mathematik für Wirtschaftswissenschaftler kompakt**

W. Purkert
**Brückenkurs Mathematik für Wirtschaftswissenschaftler**

G. Scheithauer
**Zuschnitt- und Packungsoptimierung**

T. Unger | S. Dempe
**Lineare Optimierung**

Uwe Jensen
**Wozu Mathe in den Wirtschaftswissenschaften?**

www.viewegteubner.de

# Das Buch zum Digitalen Mathekalender

Katja Biermann | Martin Grötschel | Brigitte Lutz-Westphal (Hrsg.)
**Besser als Mathe**
Moderne angewandte Mathematik aus dem MATHEON zum Mitmachen
2010. XII, 265 S. Mit Illustrationen von Sonja Rörig.
Br. EUR 26,95
ISBN 978-3-8348-0733-5

Mathematik ganz freizeitlich - Mathematik in Bewegung - Mathematik komplett technologisch - Mathematik ganz zufällig - Mathematik in Produktion und Logistik - Mathematik gegen Bankrott - Mathematik im menschlichen Körper - Mathematik auf die Schnelle

"Wozu braucht man Mathematik?" Dieses Buch stellt unter Beweis, dass moderne Mathematik in fast sämtlichen Lebensbereichen eine wichtige Rolle spielt. Aktuelle Forschung wird durch unterhaltsame Aufgaben und ihre Lösungen anschaulich. Das Buch fordert zum aktiven Mitmachen auf und zeigt, dass Mathematik interessant ist und Freude bereiten kann. Für die Anstrengung des konzentrierten Nachdenkens werden die Leserinnen und Leser mit nützlichen und manchmal auch verblüffenden Ergebnissen belohnt.

Das Buch basiert auf einer Auswahl der schönsten Aufgaben aus sechs Jahrgängen des mathematischen Adventskalenders des DFG-Forschungszentrums MATHEON. Der erstaunliche Erfolg des Mathekalenders (www.mathekalender.de) bei Jung und Alt war der Anlass, die besten Aufgaben neu zu formulieren und mit ausführlichen Erklärungen zu dem jeweiligen Praxisbezug zu versehen.

Freuen Sie sich auf eine Rundreise durch spannende Mathematik und ihre Anwendungen!

**VIEWEG+ TEUBNER**
Abraham-Lincoln-Straße 46
65189 Wiesbaden
Fax 0611.7878-400
www.viewegteubner.de

Stand Juli 2010.
Änderungen vorbehalten.
Erhältlich im Buchhandel oder im Verlag.